博 物 志

[法]乔治·布丰 著
李洪峰 魏志娟 吴云琪 译
刘华杰 审

外语教学与研究出版社
北京

图书在版编目（CIP）数据

博物志／（法）乔治·布丰著；李洪峰，魏志娟，吴云琪译． -- 北京：
外语教学与研究出版社，2022.4
ISBN 978-7-5213-3377-0

Ⅰ．①博… Ⅱ．①乔… ②李… ③魏… ④吴… Ⅲ．①自然科学史 - 世界 -
青少年读物 Ⅳ．①N091-49

中国版本图书馆 CIP 数据核字 (2022) 第 042922 号

出 版 人　王　芳
项目负责　章思英　刘晓楠
项目策划　何　铭
责任编辑　陈思原
责任校对　王　菲
封面设计　水长流文化
版式设计　平　原
出版发行　外语教学与研究出版社
社　　址　北京市西三环北路 19 号（100089）
网　　址　http://www.fltrp.com
印　　刷　北京华联印刷有限公司
开　　本　710×1000　1/16
印　　张　17.5
版　　次　2022 年 4 月第 1 版 2022 年 4 月第 1 次印刷
书　　号　ISBN 978-7-5213-3377-0
定　　价　69.00 元

购书咨询：（010）88819926　电子邮箱：club@fltrp.com
外研书店：https://waiyants.tmall.com
凡印刷、装订质量问题，请联系我社印制部
联系电话：（010）61207896　电子邮箱：zhijian@fltrp.com
凡侵权、盗版书籍线索，请联系我社法律事务部
举报电话：（010）88817519　电子邮箱：banquan@fltrp.com
物料号：333770001

导读

如果没有前人对自然万物的探索，就没有今天高度发达的文明。人们对做出过划时代贡献的科学大师心怀敬仰，渴望通过阅读他们的作品寻求创新的灵感。怎奈时空相隔，以今人的视角观古人，很难读出原著的过人之处，这也许是当前科学名著公众阅读率不高的原因之一。本书正是能让大家易读和悦读的作品。我们在每章前增加了简明扼要的导语，以期有助于读者了解大师的思想在当时的背景和认知体系下是怎样脱颖而出的——以历史的眼光看待古人，才能读出创见，受到启迪。

科学名著公众阅读率不高的另一原因是，在信息大爆炸时代，行色匆匆的人们无暇在每一道风景前长久驻足，内容艰深，术语繁杂，动辄几十万、上百万字的鸿篇巨制委实令人生畏。因此，在编辑本书时，我们删繁就简，提炼精华，保留了原著中的核心观点和能与现代理论接轨之处，以便读者用较短时间就能充分领略和欣赏名著中的精华。

世界从未像现在这样缤纷多彩，时下人们普遍追求丰富多元的精神享受。为此，我们查阅大量资料，倾尽所能在书中插入了精美图片。文图相得益彰，能给读者带来非同寻常的视觉体验。

在策划和编辑本书的过程中，我们得到了北京大学哲学系教授刘华杰的充分肯定和悉心指导。他对博物学研究的孜孜追求，对博物学普及的身体力行，尤其是对经典阅读的大力倡导，令我们深受鼓舞与启发。我们诚挚期待本书能引领更多的读者阅读大师的原著，欣赏这些历久弥新的瑰宝并有所收获。

序

文化远比具体知识重要

布丰是 18 世纪的博物学家（naturalist），是千年一遇的大博物学家。如今套在他头上的称号还有许多，如科学家、作家、启蒙思想家，其实最主要的还是博物学家。就影响力而言，博物学家当中也许只有亚里士多德、老普林尼、林奈、达尔文、威尔逊这五个人可与之相比。

布丰对于知识的增长和人类对世界的理解有许多具体贡献，但最大的贡献是推进了用优美的散文体来描写自然物，空前激发了知识界对于自然世界的兴趣。布丰大规模地把植物、动物、岩石等自然物拉进了文学写作的范围，他出版的集知识、观念与文学魅力于一体的百科全书著作迅速成为时尚，对法国启蒙运动做出了独特的贡献。

正名仍是必要的

布丰研究的博物学（Natural History），法文写作 Histoire Naturelle，涉及一个古老的传统，一直可以追溯到老普林尼那里，再往前可追溯到亚里士多德和其大弟子塞奥弗拉斯特。布丰奋斗了半个世纪的大部头著作也称 Histoire Naturelle，他去世前主持完成了 36 卷，后来其学生整理补充了 8 卷，合计 44 卷。这部大书的中译名应当为"博物志"或者"博物学"，却长期被不恰当地译作"自然史"或者"自然历史"。

为什么说那样翻译不恰当呢？博物学家达尔文、华莱士、迈尔、古尔德等人研究的内容不正好涉及大自然的历史演化吗？用"自然史"

来代表他们所研究的领域不是恰如其分吗？非也！以"自然史"来译犯了时代上的错误，相当于非历史地看待前人和前人作品。

在布丰的时代，演化思想并不是主流学术观点。他的辉煌著作虽然在个别专题上也涉及大自然的演化问题，但不是普遍的主题。对自然物的精彩描述才是布丰做的主要工作。这些描述，会偶尔碰到某物在时间进程中的变化，但是通常不涉及时间变化问题。就整个大自然而言，他更在乎的是空间、现状，而不是时间、历史。

对于现在的普通人士，以演化论（也译"进化论"）的观念看世界是相当自然的，因为我们从小接受的教育就一再强调：世界是演化而来的，生命也是一点一点演化而来的，地球有几十亿年的历史。但是在 18 世纪初，人们并不是这样看世界的，即使那时的学术精英也不具备基本的演化观念。正是通过布丰这样的人物不断努力，学者们才逐渐搞清楚演化的一般历程，在科学的意义上确认了地球的历史相当长。

不能那样翻译的第二个理由是，historia naturalis 在公元前的古希腊就形成了一个重要传统，这是人类社会记录、描述、探究大自然最古老的传统之一，一直延续到现在。布丰的工作就属于这个伟大的传统。"Historia"（此拉丁词来自一个发音近似的希腊词"ιστορία"），它在那时不是"历史"的意思，而是"探究、记录、描述"的意思。

相关的作品一般译作"某某探究""某某志"或"某某研究"，亚里士多德的《动物志》、塞奥弗拉斯特的《植物探究》、格斯纳的《动物志》、雷和威洛比的《鱼类志》等重要作品的书名都可以反映这一点。甚至培根的作品中还提到博物层面的研究（natural history）与实验研究（experimental history）的对比。其中的"history"依然是"研究"的意思，跟"历史"没关系。那么到了 21 世纪，有变化吗？没变化，学术界仍然重申"natural history"中的"history"没有"历史"的意思，不信的话可以读《哺乳动物学杂志》上的一篇文章（David J. Schmidly. What It Means to Be A Naturalist and the Future of Natural History at American Universities. *Journal of Mammalogy,* 2005, 86(03):449-456.）。这几乎是学术常识，对此不存在任何争议，今日做翻译不能忽视这一常识。不过，并非只有中国人不注意英文词的古义，现在说英语的外国人也有大批人士搞不懂"history"的古义。这没什么好奇怪的，正像中国人也并非都清楚"百足之虫死而不僵"中的"僵"是什么意义一样。当年的《现代汉语词典》甚至也给出了错误的解释（1978 年 12 月第 1 版，1979 年 11 月第 10 次印刷，第 551 页；持续到 2002 年第 3 版增补本），好在新版已经更正（2005 年第 5 版，第 30 页），将"僵"的错误解释改正为"仆倒"这一正确解释。为什么说"仆倒"是正解呢？除了词源的考虑，还可从博物上得到印证，观察一下北京山坡上常见的马陆，就能理解它何以死后仍然不会倒下——因为支撑的脚众多！

第三条理由是，民国时期许多人就将"natural history"译作"博物学"了，可能是学习了日本的译法，翻译讲究约定俗成。中国古代有"博物"一词而无"博物学"一词；日本有"植学"，而无"植物学"一词。两国交流中，许多名词汉字写起来相似，这是极平常的现象。

许多人是下意识地不加思索地将"natural history"译作"自然史"的，个别人译错了还振振有词。一个看似有理的论据是，natural history 名目下所做的研究与部分历史学家的工作方式比较相似，而与数理派的 natural philosophy 形成鲜明对照。也就是说 natural history 大致上属于历史派，而 natural philosophy 大致上属于哲学派。表面上看头头是道，清晰得很，但这种理解经不起推敲。以今人的眼光回头看，natural history 的研究方式确实像历史学家的工作，特别是在宏观层面编撰自然物和人物的方式，与自然哲学穷根究理、深度还原的方式很不同。但是在过去这两者都是哲学家合法的工作，亚里士多德和其大弟子塞奥弗拉斯特两者都做过，都可以称为 natural philosophy，在培根那里称为"真正的哲学"。说到底这种主张依然是用今日的想法改造历史。而且，译成"博物学"或者"博物志"，也并没有掩盖历史上两种或多种进路之间的差异。历史、哲学和社会学的不同进路，如今在科学史、科学哲学、科学社会学表现得非常明显，它们不同的科学观、科学编史理念受到空前重视，但这些并不构成重新翻译一个古老词组的足够根据。毕竟，我们得尊重历史。

也许，达尔文以后的 natural history 勉强可以译作"自然史"，但之前的那个悠久传统无论如何不能那样翻译。考虑一致性，并尊重传统，将此词组在不同的语境下译作"博物志""博物学""自然志""对大自然的探索""自然探索的成果"更为合理。类似地，伦敦自然博物馆、法国自然博物馆、美国自然博物馆、北京自然博物馆、上海自然博物馆，也不能译作某某"自然史博物馆"或者"自然历史博物馆"。如果不嫌啰唆，倒是可以译成某某"自然探索博物馆"。

如何看待以前学者的科学错误？

现在看老普林尼、布丰、格斯纳的作品，会遇到一个大麻烦。那些伟大的作品中经常出现一些低级错误！包括基本事实错误，也包括一些荒唐的观念。这的确是一个不小的事情。过去远不如现在，一些人以为科学作品会好些，其实也好不到哪里去。因为科学作品对事实、真相更在乎，我们现在读先贤们的作品反而更不容易忍受他们的糊涂、愚蠢。

现在重新出版历史上的科学名著或博物学名著，就直接面对这个问题。对于无准备的读者甚至编辑、主编，大家都希望读到一部符合或趋于现代科学结果的作品。给青少年阅读的科学史名著，更希望传达符合现代标准的理性、客观形象。而在我看来，此任务很难完成。特别是许多人同时还强调原汁原味、符合历史面貌地传达科学家、博物学家的形象，这任务就变得愈加没法完成。

在过去，不是做了许多有益的努力，成功地传播了诸多科学家的形象和成果吗？没错，是很"成功"，但是不要忘记巨大的代价！我们绝对不要忘记以今人的认识来切分历史人物之工作的危害性。我们习惯于将他们的工作一分为二，一部分是好的，与我们今日的理解有通约之处，一部分是坏的或不合格的，是我们今日不赞成的。那样做的确收获了我们想要的东西，但也破坏了历史人物的完整性、统一性。知识和科技在任何一个时代也都是当时整体文化的一部分，老普林尼、布丰等人的博物类作品自然而然比数理类作品更多地反映当时的世俗文化和本地信仰。作为尊重历史的现代人，我们需要理解并容忍古代普通人的荒唐，也要有雅量容许古代伟人（包括科学家）的荒唐。实际上荒唐不荒唐、正确不正确，并不是唯一需要看重的方面。以教科书编撰者的眼光看，古人的很多认识都是错的，但那又怎么样呢？牛顿力学被相对论超越后它就不是科学了？如果那样，两百年后的后代瞧我们也不会好到哪里，在此可以学福柯大师笑一笑。不是嘲笑古代，而是通过笑来提醒自己，人类对自然的认识是不断进步的。

具体到布丰的作品，应当怎样来阅读呢？我个人的看法是，先搞清楚布丰是什么时代的人物，在想象中把他的作品放到那个时代背景中来阅读，不要处处跟今日的教科书比。布丰说地球年龄为 75 000 年，读者不能只盯着这个数字参照今日的数十亿年来辨别布丰是否靠谱，而要看他是如何得出这个数字的，要将布丰的想法与他同时代人的想法对比。要根据他的时代特点、他采用的证据和论证方式来综合判断他得出此数字表现了什么水准。某人从小的时候到博士毕业时，背诵的太阳系行星数都是九个，各级考试和公众科学素养测试时如果填八个，都会得零分。到了 2006 年 8 月 24 日，太阳系行星变成了八个，之后的考试中如果继续填九个也会得零分。但是坦率点讲，数字填对了能说明什么？能说明填对的科学素养就高吗？重要的是了解到科学共同体在某个历史时期是如何认定行星的，他们根据什么标准判断谁是行星进而太阳系总共有几颗行星。也就是说，重要的是了解相应的科学文化（包括程序、方法和标准），而不是科学的结果——科学家认定的所谓"事实"和"真理"。因此，我的建议是要重视当时的科学文化以至于一般的社会文化，不要在一些知识点上过分计较作者对了还是错了、与今日的标准差距有多大。当然，专业研究者可以考虑得更周全些、分得更细致些。

关注作品所展示的科学文化、博物学文化有什么好处？读者可以在更大的基础、场域上欣赏、评析古人；了解他们首先是普通人，然后是历史上的伟人。否则，我们非历史地看待伟人，他们就显得非常异类，他们不是真实的活生生的人，而是巫师或者大神。其实这并非仅仅针对博物学作品提出的要求，对于数理作品也一样，古人讲的原子、力、能、碱，与我们今日理工科教科书中的概念可能相差甚远，他们的许多观念、命题如果不参照当时的科学文化，也是我们根本无法理解的。

但是，据我了解，的确许多人，特别是有一定知识的人，无法容忍古代伟人犯低级错误。他们认为，出版古代作品，一定要纠正他们所犯下的科学错误。提醒这些人可以先把前人的作品当武侠小说、游记之类的文学作品来读，接着再思索一下，自己的智商是否真的高过相关的古人。第三步，设想把自己放回古代，如果自己是那位作者，能否写出更高明的作品？

在现实中，经常有出版社邀我主持改编一套古代博物学家的作品集出版，读者对象甚至为中小学学生，我都回绝了。我认为短期内没人能做到，长远看意义也不大。强行做了，没准负作用大于正作用，让一些初学者有理由嘲笑古代了，反而助长了其可怜的朴素实在论科学观。非要做的话，也要尽可能真实地展示古代作品的原貌，别做自以为聪明的去伪存真、去粗取精的工作。当然，我并非反对注释和解释，译者、改编者多加些注释是有好处的。比如张卜天重译哥白尼的作品《天球运行论》（注意，不是《天体运行论》）所做的那样。不过，即使加了许多注释，古代的科学作品也非常难懂，这是必须注意的。比如牛顿的书、拉瓦锡的书，今日读起来非常费劲。"人人应读"之类宣传是可疑的。相对而言，达尔文的书以通俗的英文写作，也没有数学公式，还算好读的，但是，他的思想在 19 世纪几乎没几个人能够准确理解，直到 20 世纪 30 年代才有较多的人理解他的演化论。历史上被误解最深、影响最坏的恰好是达尔文的《物种起源》！这有什么办法呢？想不出有更好的速成办法，作为读者只能一再提醒自己。

博物学家的风格

瑞典的林奈与法国的布丰同一年出生，这实在是不小的巧合。林奈与布丰都是最优秀的博物学家，都为博物学的发展做出了一流的贡献，但两人的风格完全不同。

现在的科学家更欣赏林奈，林奈的"豆腐账"式书写与如今的各种植物志、动物志更相符。人们觉得布丰更像是文学家和社会活动家，他的作品与现代科学的书写方式差别越来越大。再进一步，甚至有人觉得林奈更科学，布丰不够科学。其实，笼统比较意义不大，两人可对照的方面的确非常多，但很难说他们对科学、对人类文化的贡献谁更大。布丰本人不但在博物学上创造了奇迹，他在传播微积分、创立几何概率方面也做得非常好，"布丰投针实验"就是一例。显然，林奈无法与布丰比数学成就。就博物学这一行而论，布丰和林奈对博物学的目标、方法认知有着巨大的差异，但两者恰好形成了互补。"布丰的博物学并不是要对自然建立一个分类体系，而是要拥抱整个知识王国。博物学已远远不是林奈的图表了——因为在每个物种的名字背后，都有着一个鲜活的生命，并且与其他生命之间发生着各样的联系。"（朱昱海.从数学到博物学：布丰《博物志》创作的缘起.自然辩证法研究，2015，31(1)：81-85.）。

林奈和布丰的写作方式后来都有各自的继承者，梭罗、缪尔、巴勒斯、奥尔森、利奥波德、狄勒德、贝斯顿、斯奈德、古尔德、卡逊等人的作品更像布丰的，这些人大多与人文学术相关联，但利奥波德、古尔德、卡逊也可算科学界人士。

当世界各地的自然志都编写得差不多时，全球范围内博物学家的地位都在逐步下降。每年发表若干新种，是林奈式博物学工作的延续，但在分子生物学的比照下，其地位已经远不如从前了。博物学传统退出主流科学界，是不可逆转的趋势。也就是说，人们越来越不把博物学当科学看了，做博物传统工作的人想申请到科研基金变得越来越困难。那么，博物学是否真的就没现实意义了，应该退出历史舞台呢？显然不是，博物学仍然有生命力，但主要阵地恐怕要转移，此时布丰的《博物志》的写作风格将给人们重要启发。

博物学家可以不是科学家，但人们仍然可以做优秀的博物学家！布丰式的写作风格在当今世界仍然十分需要，生态学、保护生物学、自然教育、新博物学，都可以向布丰学习。

这是一部到目前为止最好的布丰著作选本。本书所加的《布丰传》节选、布丰入院演讲和生平简介都有助于读者理解布丰这个人。布丰在本书中讲述的具体知识，真的不太重要，随便在网络上搜索一下就能得到无穷多比布丰牛得多的知识。重要的是了解布丰的博物学文化、科学文化。

北京大学哲学系教授

刘华杰

2016 年 3 月 15 日于未名湖畔

本版说明

    《博物志》共 44 卷，其中，前 36 卷出版于 1749 年至 1789 年间，后 8 卷则由布丰的学生和好友德拉塞佩德整理出版于 1788 年至 1804 年。这部百科全书式的巨著包括了地球形成史、人类志、动物志、鸟类志、矿物志、爬虫类志等内容，系统地汇聚和总结了 18 世纪和更早的博物学知识和素材，奠定了布丰在博物学历史上的伟大地位。除了卷帙浩繁、旁征博引，这部巨著还有一个重要特点是文笔优美，描写各种动物时细致入微，阐释各种理论时又能深入浅出、详尽全面，体现了布丰高超的文学能力。

    也许正是由于这些原因，《博物志》一出版就引起了社会大众的关注和追捧，迅速被翻译成了各种文字，在全世界范围内广泛传播，一直到今天都保持着旺盛的生命力。《博物志》也受到了我国读者的喜爱：市场上的各种译本（多将书名译为"自然史"）琳琅满目，销售量可观；而书中的一些篇目甚至被选入了中小学语文教材，成为中小学生观察自然、描写自然、体会快乐和自然大美的范文。

    这次，我们从《博物志》法文原著的地球形成史、动物志两部分，选取最能够代表布丰学说特点和治学方法，最能够体现布丰文学功底的篇目，邀请北京外国语大学法语系的李洪峰教授和北京外国语大学法语笔译专业青少年科普读物翻译方向的魏志娟、吴云琪进行翻译，力求为读者献上一本更加贴近法文原著、更加符合青少年阅读特点的译本。

为了体现博物学的学科特点，让读者能够体会博物学的引人入胜，我们在本书中加入了 110 多幅插图和照片，尽可能保证选篇中的大部分动物都配有手绘插图和野生状态照片各一张。这些手绘插图大都选自 16 至 18 世纪出版的各种博物学著作。

注释丰富也是本版的一个特点。我们竭尽所能，查找和考证了布丰引用的数十位博物学家、探险家、航海家的姓名、生卒年月和事迹，以脚注的形式列在书中。另外，由于时代所限，布丰的学说中不乏陈旧甚至是错误的内容，我们也对这样的内容以脚注的形式进行了说明。

本版还收入了德拉塞佩德撰写的《布丰传》（节选）、布丰的法兰西学术院入院演说《论文风》和布丰生平年表。

我们有幸邀请到北京大学哲学系、北京大学科学史与科学哲学研究中心的刘华杰教授对本版书中所有的文字和配图进行审读，确保语言和科学史实的正确性。

衷心希望读者可以从布丰一篇篇优美、准确的文章中，从一张张选自博物学著作的原版插图中，从一条条注释中，领略 16 至 18 世纪博物学黄金时代的吉光片羽。

目录

XVII

《布丰传》节选

V I E

DE

BUFFON.

　　《布丰传》的作者是法国博物学家贝尔纳·德拉塞佩德（Bernard de Lacépède，1756—1825）。他是布丰的学生和好友，在布丰去世后，整理出版了《博物志》的后8卷（第37～44卷）。

　　本书从《布丰传》中节选了部分内容，主要反映了布丰的研究生涯和任职经历。

布丰（1707—1788）

布丰传（节选）

　　布丰伯爵乔治 – 路易・勒克莱尔（Georges-Louis Leclerc, Comte de Buffon），1707 年 9 月 7 日出生于勃艮第地区的蒙巴尔镇。他的父亲是最高法院的一名推事，十分希望儿子继承自己的衣钵。可惜布丰早已醉心科学，一心只想在科学领域有所建树。当时的法国人才济济，不乏颇有成就的前辈，布丰见贤思齐，加上本身天资过人，注定会成就一番事业。同样影响布丰的，还有勃艮第地区出现过的大批一流文人：历史上，圣伯纳德[1] 教士才华出众，对当时社会产生了深刻的影响；更近一些，波舒哀[2] 以雄辩的才华闻名于世；还有作家克雷比永父子、诗人皮隆父子、拉莫努瓦一家和布耶一家。这些成就卓著的人物让少年布丰感受到了天才的力量，激情满怀。

　　布丰的中学生涯在第戎度过，这里是伟人和优秀学子的摇篮。老师们在他身上看到了与那些为国家带来荣誉的天才们一样的特质，因此对他倾力栽培，而布丰也没有辜负他们的期望。他个性鲜明，总是以饱满的热情投入工作，这是很多徒有天赋的人做不到的。我们应该庆幸他没有将精力用在没有意义的事情上。他早年喜爱几何学——众所周知，这种科学能使人头脑精准，同时也要求学习者本身具有一定

---

[1]　克莱尔沃的圣伯纳德（Bernard of Clairvaux, St, 1090—1153），法国克莱尔沃修道院院长，基督教神秘主义者。他建立了熙笃会，支持圣殿骑士团的发展，并为第二次十字军东征布道。——编者注

[2]　波舒哀（Jacques-Bénigne Bossuet，1627—1704），法国主教、神学家、演说家。——编者注

的天分。在昂热求学时，布丰并没有像其他同学那样沉迷于那个年代的娱乐之中。他与朗德勒维尔地区奥拉托利会的神父，同时也是昂热中学的数学老师往来十分频繁。与这位学识渊博的智者的友谊对他非常有益，让他得到许多好的建议。能在当时慵懒闲散的社会上发现如此珍贵的事物，布丰一直心存感激。

布丰命中注定会拥有一些不同凡响的朋友。他喜欢与教育良好、博闻强识且才华卓越的人交往。他还在第戎时，就和英格兰最早的贵族、当地长官、年轻的金斯顿公爵交往甚密。这位英国的门忒斯和来自法国的忒勒玛科斯二世同游了意大利。[①] 此类的旅行对不少人来说只是看看名画、雕像或是历史古迹，对于当时 23 岁的年轻的布丰来说，意义却更为深远。在他看来，意大利蓝天下的旷野是一座巨大的博物学知识宝库。英国文学家艾迪生[②] 看到此如诗如画的风景时，心中想的是将之与前人的描绘进行对比。而才智过人的布丰则看到了大自然的美丽布景，看到了旧时光的碎片残骸，看到了它日日夜夜的蜕变。在赫库兰尼姆古城遗迹前，他想到了被灰烬掩埋在这片大地的古罗马博物学家老普林尼[③] —— 好像大自然在报复这位想要近距离观察其浩大动作的天才。这令布丰唏嘘不已，潸然泪下。沉寂了几个世纪的灰烬仿佛重新燃起，只为激发这位年轻的博物学家的全部热情。或许，正是由于这次意大利之行，我们今天才得以瞻仰布丰的不朽才华。

回到法国后，布丰埋头翻译起一些英文著作。这说明他很早就认识

---

① 门忒斯、忒勒玛科斯均为希腊神话中的人物。荷马史诗《奥德赛》中，门忒斯作为忒勒玛科斯的精神导师，抚养其长大；后来雅典娜化身为门忒斯，保护忒勒玛科斯踏上寻找父亲奥德修斯的道路。——译者注

② 约瑟夫·艾迪生（Joseph Addison，1672—1719），英国散文家、剧作家、诗人和政治家，曾在欧洲大陆游历四年。——编者注

③ 盖乌斯·普林尼·塞孔都斯（Gaius Plinius Secundus，约 23—79），世称老普林尼，古罗马作家、博物学家和政治家，著有《博物志》（*Naturalis Historia*）一书。——编者注

到了懂得这样一种语言的必要性，在英文世界有各种文体的美妙文章；同时，这种充满自由与独立气息的语言也对天才本人大有助益。不过，这个年轻人并没有在翻译工作上耗太多时间，他开始感受到自己的力量所在，而他的著作注定会被其他人翻译成各种语言。

另一件让布丰在实现理想道路上稍稍"分神"（如果我们执意这么定义它的话）的事情是一次英国之旅。实际上他是在用自己的双眼捕捉信息，深度剖析这个著名的国度。这里学者云集，对于想做学问的人来说是大有裨益的。而且布丰是个善用时间的人，他这三个月伦敦之旅的收获，其他人恐怕要用好几年才能得到。

有才华的人常因生活困窘而举步维艰。布丰有幸免于文学界及科学界这一普遍的灾难：他的母亲留有一笔不菲的遗产，布丰顺利获得了继承权。同时他也是个精打细算的人，所以他像伏尔泰一样坐拥大笔财富，无衣食之忧。对于这个潜心学术的年轻人来说，15 000 利弗尔的年金是一笔巨额收入。尽管优雅的女性常常会吸引他的注意，但他从不会为了满足她们的各种物质需要而肆意挥霍。而且，一个天才工作狂也没有太多的时间沉迷于此。

布丰最后来到巴黎，并决定在此定居。他想多结识一些有识之士，以便实现自己的计划。这些计划都经过了深思熟虑，都要服务于他要鹤立鸡群的同时实现自然科学飞跃的理想。当然，之前并非没有优秀的人才在该领域耕耘，单法国就有著名的植物学家杜纳福尔以及其他知名人物。可惜他们的想象力不够丰富，文笔不够优美，无法将自然的细腻美好传达给普罗大众。大自然需要一位伟大的画家来描绘它，这项殊荣注定属于布丰。

蒙索像

在布丰之前，植物学家蒙索[①]对法国自然科学的发展发挥了极大的推动作用。所有的报纸和社交圈中都流传着他关于园林、果树以及植物学各个分支的见解。他曾在加蒂奈的田地中移植了加拿大橡树、弗吉尼亚雪松、美洲梧桐甚至黎巴嫩山的柏树。蒙索比布丰略微年长一些，富足的生活也让他能够潜心学术（当时的学者一般都不太富裕）。他发表的一些颇有见地的著作也已经吸引了政府关注，这足以令布丰想和他建立友谊。

两人曾对一些有关园林种植的论文有过争执。出于对布丰的信任，蒙索给他看了自己在加蒂奈实践时完成的论文，希望布丰能将自己的研究模式移植到蒙巴尔镇。然而等到法兰西科学院恢复工作时，蒙索在布丰宣读的论文中听到了自己论文里最有趣、最突出的部分。这令他感到诧异，并公开表示不满。布丰则觉得蒙索指责自己不忠这件事情十分可笑，简单回应道："见到好的东西，自然要占为己有。"我们无意对这件事多加评论，人们可以有不同的理解。但是可以肯定的是，这两位科学院院士之间的关系因此变得十分冷淡。蒙索是一个坦率真实的人，对此也不加掩饰。[②]

---

① 蒙索（Henri-Louis Duhamel du Monceau，1700—1782），法国植物学家和海军工程师。——编者注

② 一位深知蒙索与布丰之争的知名科学院院士，给我们透露了如下信息：蒙索长期以来致力于园林的研究，告诉了布丰他的一些研究成果。布丰急于在科学院宣读一篇相同主题的论文。蒙索在布丰论文的一些段落上提出了不同意见，并且通知科学院自己亦有论文，要求在下一

当时布丰的才能在法兰西科学院已广为人知，因此他担起了一些重要任务。皇家花园总管迪费伊先生想在宫廷许可的情况下，将从历代学者处传承而来的资料里最珍贵的部分交到布丰手里。他向莫尔帕伯爵大臣举荐布丰。丰特奈尔[①]是这样描述迪费伊对布丰的赞美的：

"他写好了遗嘱，这几乎算得上是他写给莫尔帕伯爵的信的一部分。信中指出了他心目中接管皇家花园的不二人选。他一直希望皇家花园能和法兰西科学院保持紧密联系，所以他要从科学院里选人。举荐布丰是上选，因为皇帝也不愿另择他人。"

丰特奈尔的这段话分量十足。能得到这位文学与科学泰斗如此的描述，对布丰而言是一种无上光荣，而丰特奈尔笔下最后的赞美之辞预言了布丰日后的荣耀，也就是说直到向世人宣告布丰这样一位将和他拥有一样辉煌事业的天才的存在之后，他才搁下了笔。

一些可信的人向我们证实，皇家花园总管一职落到布丰肩上之前，曾被许诺给蒙索。事实上，将这一职位留给一个在植物学界名声赫赫并为科学发展贡献了个人财富的人，是理所应当的。此外，蒙索和迪

次大会时在论文原稿上画押。这样一来人们便能看出他俩文章的不同，不会认为他窃取了布丰的工作成果。在接下来的会议上，布丰要求重读论文，因为他认为人们并没有充分理解他的作品。但当时他已经按蒙索所提的意见修改了论文。蒙索只是对他说："我的同事，您的记性挺好。"布丰则回应道："我的同事，看到好的东西时，我知道如何让它们为我所用。"这篇论文后来发表时同时署上了两人的名字。蒙索只重视事实、试验与观察，不论结果好坏，都很是小心谨慎；布丰则构想出一个完整的体系，将观察巧妙地融入其中。迥异的个性使得他们难以融洽相处。关于皇家花园总管一职，当职位出现空缺时，蒙索已被莫尔帕伯爵大臣派往英格兰，不在法国。德南维利耶先生想为其兄蒙索谋得这个职位，莫尔帕伯爵大臣回应道："我无法满足你的要求，但我会为蒙索保留一个适合他、他也更能胜任的职位。"这一职位即海军总督察。所以，我有理由对您说，即使这两人之间存在什么细微的分歧，也是不足为道的。——作者注

① 丰特奈尔（Bernard Le Bovierde Fontenelle, 1657—1757），法国作家，曾写下许多推广科学知识的著作，1691 年进入法兰西学术院。他同时也是法兰西文学院和法兰西科学院院士。——译者注

费伊是多年密友，他们兴趣相投，生活习惯相似。但迪费伊离世之际，蒙索正在英国进行有关建筑用材的实验。蒙索的弟弟德南维利耶受其兄影响，有着相似的兴趣和工作，且热心公共事业。他一听说迪费伊逝世的消息，就要求莫尔帕伯爵大臣遵照诺言授予其兄该职位。伯爵回答说，鉴于之前有过承诺，在蒙索归国后将任命其为海军总督察作为补偿。

关于布丰如何得到皇家花园总管一职的这两种描述相互并不矛盾。情况很有可能是迪费伊在生命垂危之际接到了一个十分有说服力的申请，以至于遗忘了身在异国的老朋友，他只想着能找到一个各方面条件都理想的人来接替自己。尽管我们对于这个世界所知甚少，但是历史告诉我们，人不在场而造成损失的情形数不胜数。

布丰就任皇家花园总管后，立即着手推行他的宏伟计划。这项于他而言最重要的事业，此前就已耗费他大量心力，此后更将占据他生活的全部。无论是对于这样一个有使命感的人，还是对于一个可以从他对科学和艺术的贡献中受益的国家，这都是一种幸运。1744年见证了博物学宏伟大厦的奠基：布丰在蒙巴尔镇发表的有关地球理论的演讲向整个王国证明，他善于充分利用在田野里的时间。在原野上，他的思想变得成熟，他与科学院的学者们接触时冒出的一些想法也得到完善。

那时，博物学在法国还没有得到应有的礼遇。这门学科与医学、化学以及光学一样，等待着天才之手的介入。的确，已有不少能干的人在法国或是在外国收集了许多材料，但还没有人想到把这些材料汇聚成一座科学的大厦。也许布丰有些过分推崇系统化，但这丝毫无损于他身后的名声。任何一个系统，如果不是建立在实践的基础上，而

一张描绘巴黎皇家花园（现称"巴黎植物园"）的版画，创作于 1820 年前后

是仅凭想象臆测来支撑，都只是华而不实的建筑，只能靠着浮夸的装饰来掩盖脆弱的基石。不过，如果我们去感受博物学展现出的美，看到它与众不同的广度和深度，以及丰富多样的描述，看到它通过对比将各个事实联系起来而使其变得清晰，看到作者在丰富的想象空间内探寻各式主题，文风雅致，格调高雅，看到他如何在可能之处精心地修饰，我们将会为布丰的成就感到惊叹，将会把他置于与古往今来所有博物学家都不同的高度。或许连老普林尼也会因为能和布丰相提并论而感到自豪吧。

布丰学识渊博，就如同有一幅世界地图深深印刻在他的脑海中；他探寻未知世界的速度无人能及，同时还能将观察到的各类地理现象相联系。就这一点来说，他比老普林尼要强得多，后者常常会把对陆地世界的描述写成沉闷的专业术语表。布丰几乎翻阅了所有旅行家的游记，而且带着哲理性的眼光去粗取精：游记中关于人类与动物的描写经过他的挑选和润色，不再沉闷无聊，开始变得引人深思；读者能轻松地跟随作者飞快的思路，很容易被丰富生动的内容深深吸引，一旦开始阅读就难以自拔。要想认识博物学涉及的诸多体系，一定的背景知识和判断能力是必不可少的，而这是一件很奇妙的事。在鉴别诸多观点时，创造力的作用也不容忽视，但最重要的是通过观察，发现人及其他敏感生物体内所具有的本能、新的特性以及不为人知的习惯，这是之前的学者没有觉察到的——虽说同样的观察对象曾上百次地出现在他们眼前。所以说，只有天才才能发现被大众忽视的东西，就像视力敏锐的鹰要比普通鸟类看得更远、更清晰一样。

我们无需对《博物志》的功绩赘述更多。这部不朽的著作，从最初的构思到最后的成品，都获得了法国乃至整个欧洲的一致好评。不断优化认知的精神是可以与他人分享的。布丰的理想是在世界范围内普及科学知识，通过他令人难以抗拒的优美笔触为科学赢得更多的拥护者。为了实现这一目标，他意识到必须借助意象来诠释思想，通过富有情感的表达来打动人心。这些在他的笔下得到了生动的体现：他的散文具有近乎诗歌的雅致与情调；他画作中呈现的自然景观气势雄壮又风格典雅——大自然本身就具有极强的表现力，而作者也有能力将之完美展现。没有其他哪位画家能在这样宏伟而美丽的作品中融入如此多的元素。

在我们的国家，一切都是潮流，追求新鲜事物是法国人的最爱，这也往往大有裨益。我们应该感谢布丰的是，他的语言风格使得文明社会的各个阶层都对博物学产生了兴趣：人人都想成为博物学家，或者以他为榜样，表现出博物学家的派头。各地涌现出大量的藏品，好奇的人们共聚一堂，对地球上各个国家的珍稀事物进行分类和描述。有人开设了博物学的课程，妇女们以能上博物课为荣。还有些有学问的编者编写了一些辞典，以方便人们研究这门充满魅力而又长期被人忽视的学科，可见有时人们的雅兴和自尊心也会推动事物的发展。由此人们开始了解到大自然于不经意间播撒在地球表面或是深藏于地下的各类物种的名字。事实上，这些所谓的学者大多是有钱的业余爱好者。然而事情从来都是这样发展的，平庸之辈不吝展示他们丰富的藏品，最终成就了贫穷的天才。

　　布丰的使命就是推动这一热潮在他的时代继续向前发展。这是一个光辉灿烂的时代，伏尔泰拥有广博的思想，卢梭雄辩过人，观念新颖，孟德斯鸠写出《论法的精神》，达朗贝尔和狄德罗的百科全书包罗万象。他们的成就令世人惊叹。布丰——"法国的普林尼"——也光荣地站在这伟人行列中。他与罗马的老普林尼的共同之处在于他们都长期受到大师们和当权者的青睐，自身拥有的财富能让他们开展一些在经济窘迫的情况下不可能完成的工作，对荣耀的渴望激励他们以巨人的脚步迈向已然开始的崇高事业。

　　布丰以大自然为友，所以也以田野为友。他在蒙巴尔镇的田野中度过了生命的大半时光。他在那里建造了很多美丽的花园，移植了当地或者外来的各种树木。无论走到哪里，他的思想都被自己的劳动成果所占据，即便在闲暇时也不忘记工作上的事情。应该怎么说呢？相比于在巴黎，他在蒙巴尔时有更多时间完善自己的观点，思索如何把它们用适当的色彩描绘出来。在蒙巴尔美丽的天空下，他深居简出，静心冥想，远离都市生活与不速之客的打扰，沉湎于创作的乐趣之中。他喜欢待在一间极其简陋的小屋里，与自然独处。在那里，他用沉稳的笔触勾勒出雄伟的图画，也做了许多美妙的梦。蒙巴尔镇理应在科学史上名垂千古，就像被伏尔泰载入文学史册的费内[1]一样，到勃艮第的外国旅客都是带着强烈的崇敬之情走近这座小镇的。

---

[1] 费内（Ferney），法国东部城市，位于罗讷－阿尔卑斯大区，与瑞士接壤，伏尔泰于1759年定居于此。——译者注

对布丰来说，成为法兰西学术院的一员是件十分荣幸的事，因为有很多人都想在这所极负盛名的机构中拥有一席之地。有人说，布丰加入学术院时曾试图避免接受审查、递交申请这些麻烦事。这很难实现，因为按照惯例，候选人都需要提交申请。但当时身在蒙巴尔镇的布丰在退隐乡间之际已写好了入院演说，回到巴黎就得到了院士的头衔。不过，还是可以推测他在发表演说前是完成了申请程序的。下文中我们几近全篇抄录了他的演说稿[①]，以呈现他的文体风格，以及他在这个自己所偏爱的领域里想要实现的目标。发言稿中唯一欠妥的地方在开头，布丰向学术院评审团说道："先生们，能够被召唤到你们的队伍中，我感到荣幸之至。"这种说法不甚妥帖，似乎有自负之嫌。再伟大的人也需要谦虚，也应该像普通人一样在重要场合谨言慎行，这样一来，天才的优秀品质才更能得以凸显。

不论布丰的行为举止如何，他的演讲的确传递了一些颇具价值的观点。此演说的目的是探讨文字风格的问题。

出版于 1749 年的《博物志》第一版第一、二卷的书脊

① 《布丰传》中全文收录了布丰法兰西学术院入院演说，不过本书把这部分内容放在了附录中。——编者注

布丰在巴黎时终日被公务和社交礼节所缚，但他那颗积极的心丝毫没有沉寂。他很擅长将政府的注意力吸引到他最爱的学科上来，以促进其进步，因此他成功做到充分地甚至奢侈地装点了皇家花园陈列馆。他想要把这里变成大自然的圣殿，汇聚世界上所有动物的种类，收集地球表面和深层所有生物的标本。从这个角度看，他的确具有远见卓识。然而他的志向未能达成，这并不是因为他缺少声望，而是因为缺乏资金。所有的国家、君主都做出了贡献：远跨重洋的船只带来了他喜爱的物种的丰富样本，即使在可怕的战争期间，这些宝藏也因他的名字而得到了庇佑。因为他的精心劳作，皇家花园陈列馆成为欧洲最壮丽、收藏最齐全的陈列馆。这也成了外国人频频造访巴黎这座风光无限的都城的一个新的理由——虽然对于自然科学来说，拥有一处这样的陈列馆只是聊胜于无，它反映着我们在自然面前的浅薄。

皇家花园前面只有一块十分狭小的空地，因为是教会产业而使皇家花园无法扩建。布丰设计的方案克服了这个阻碍，解放了里面众多能对植物学和医学做出贡献并极具观赏价值的植物。他从圣维克多修道院得到一大片土地，之前那里是工地，完全可以移至他处。自那之后，美丽的小路延伸开来，一座座有利于植物生长的棚区建设了起来。因为布丰，这个在首都里长期被忽视的街区变成了真科学的舞台。

也有一些人反对这位享有一切殊荣的天才。有人认为他的文风不及文章主题的高度，也不能像他想要描述的范例那么多元。还有人指责他的笔法夸张，如果他坚持如此的话会损坏了那些最美好的事物。我们现在仍然可以忆起伏尔泰（他在不那么冲动的时候，其实是个不错的评论家）的玩笑话，他笑着说："这可不怎么'自然'。"他对布丰的体系丝毫没有宽容，不留情面地写道："中国的大海令人吃惊，它们的波流竟然围住了比利牛斯山。"

一些名人指责他写的是小说，而不是博物志；他们在布丰的作品中发现很多偶然事件，而证明它们真实性的只有这位杰出作家的想象力。这些批评显然过于严苛，可以被看作法国人的行业嫉妒心，即使是学者们也不能避免。而这些指责在外国人口中变本加厉。但所有人都承认布丰文笔的美妙，也只有在这一点上才可以说形式已经超越了内容。

认识布丰的人都知道，他非常憎恶阴谋诡计，也讨厌野心家和阴谋家。但文学圈和社会其他圈子一样，庸才们相互勾结，通过暗地算计来出名是平常事。这位天才鄙视如此低下的伎俩，但这些阴谋家就是要诋毁他，所以他有时会觉得很受伤害。也许正因为如此，他才开始排斥那些指责他不合群的人。后者则指责他觊觎那些文人所重视的荣誉头衔，而我们认为这些指责并无依据，更何况他并不缺这个。这位博物学家的情绪在一封信中爆发了，这封信后来非常出名，但他很生气人们那么快便将这封信发表出来。我们很清楚，作者的意图不是将这封信公之于众，尽管他写信的动机也并不高尚：这封信的目的在于激怒信中所指之人。我们知道，布丰不想在有生之年被他所厌恶的争论困扰。但这封信在公众中引起的轰动还是令耄耋之年的布丰感到气恼。那些冒失鬼想要用恶劣的诋毁来丑化他，但是可想而知，最终被人厌恶的还是他们自己。

这封著名的信还引发了一场激烈的论战，甚至有人下注来赌谁输谁赢。辩论的焦点是布丰是否犯了一个语法错误，即是否把"échapper"（逃过）一词当成了直接及物动词。他在致 M 先生的信中写道，"vous n'avez pas échappé aucuns des traits qui les caractérisent"（您没有逃过哲学家们的任何典型特征）。布丰给为了维护这一用法而输掉赌注的人回了一封信。下面就是这封信的完整内容，我们能够保证它的真实性。

"布丰很荣幸收到 XX 先生写给他的这封信。布丰的确从来没有研究过语法，不过他认为一个中性意义的词语有时是可以直接及物的，尤其是当这种用法能够很好地表达一种思想的时候。确实，思想的表达并不属于语法范畴，语法向来只关注词语；而现在有数不尽的书籍，语法无比正确，内容却仍然空洞乏味。

"布丰感谢 XX 先生愿就这一主题跟他真诚探讨，但奉劝 XX 先生别再为布丰的言论下赌注，因为在重形式而不重内容的审判者面前，此举胜算不大。"

从这封信中我们可以看出，著名的法兰西学术院院士也会反驳同僚的评判。他的优越感使得他对自己的错误很在意。

布丰于 1734 年进入法兰西科学院，1753 年成为法兰西学术院院士。法兰西科学院是在让－巴普蒂斯特·柯尔贝尔（Jean-Baptiste Colbert）的建议下，由法国国王路易十四于 1666 年创建的，最初被命名为"皇家科学院"。插图展现的是柯尔贝尔向路易十四介绍皇家科学院成员的情景

据说布丰很喜欢别人的赞美之辞。对于像他这样苦心孤诣最终能够教化大众的人来说，这一缺点是可以原谅的。他们的不懈奋斗值得赞誉，人们的赞美声就是对他们付出的心血的补偿。没有人比布丰更不遗余力地去完善自己的文风。他曾说，天才只不过拥有更多的耐心。于是，他根据自己付出的心血来衡量作品的价值，大众的肯定也使他有权对自己的作品做出很高的评价。他对赞美很敏感，的确，还有谁曾受到过君主们如此令人飘飘然的致敬？不管是中欧还是偏远的北欧的君主，在来到法国时都殷勤地上门拜访，向布丰致以最崇高的敬意。

也有一些著名的诗人向他致敬，他们的赞美最令他舒心。这些脱颖而出的天才诗人为这位喜欢被赞美的功臣送上了他最渴望的东西，因为越是吝惜赞美之词的人，他们偶尔为之的称赞就越令人愉悦。布丰希望看到歌颂大自然的伟大诗人勒布伦和自己一同名垂千古，这位诗人在布丰的启发下写下了充满热情的颂歌；布丰也希望能在去世前看到诗人的大作出版。在布丰眼里，他和这位与他站在同一阵营的作家的关系，就如同罗马诗人、哲学家卢克莱修和古希腊哲学家伊壁鸠鲁一样。[①]

气质高贵威严的布丰，个性、话语都简单直爽，却极为重视外表。他认为一个人给别人留下的印象很大程度上取决于他的衣着和外表。所以，他对华服的偏好在某种程度上是合理的，毕竟他在社会上拥有一定的地位，他也认为为其地位而注意形象是必需的。但令我不快的是，一个自吹曾踏入过布丰私交圈子的人在《巴黎日报》上说，布丰每天都要烫头发，不论是在巴黎还是在蒙巴尔，他都要求市里的理发匠来为他打理头发，而不用自己的男仆。之所以有这一偏好，是因为这些

---

① 卢克莱修在作品中用诗歌的形式阐述了伊壁鸠鲁的哲学思想。——译者注

理发匠总能给他提供很多新闻，而且当他理完发坐在椅子上清洗时，还可以和负责清洗的人继续聊很长时间。事实上，在伟人的回忆录中记下这般幼稚的事情多少会有损伟人的形象。如果说布丰在仪容上花费了过多的时间，对外表进行了过多的修饰，这也不过是件该被遗忘的滑稽的逸事。对于一个天才来说，这种癖习实属罕见。因为太了解时间的珍贵，天才一般不会把外表放在心上；而即便放在心上，文人们也不该效仿。

布丰与同为博物学家的多邦东①以及蒙贝利亚尔共同致力于博物学的研究。《博物志》这部伟大的著作中所有关于解剖学的章节都是多邦东完成的，布丰则负责把握文风。蒙贝利亚尔和圣礼拜堂地区的议事司铎贝克森神父也写了其中几卷，有些段落写得很好以至于人们都以为是布丰本人所著。这至少说明，布丰的语言风格不难模仿。不过真正的行家总能看出布丰和其他合著者笔调上的差别。

这位伟人长期患有膀胱结石。如果他能忍受手术的痛苦，他的生命应该还可以再延长。当时巴黎最著名的医生之一，波塔尔医生，在布丰被病痛折磨的时间里一直坚持不懈地给他治疗。最终，人们打开他的身体，发现膀胱里有 57 颗结石。就这样，布丰在这年四月走到生命的尽头，享年 80 岁又 6 个月。许多文人名流前来给他送殡。在伦敦，他的下葬仪式得到了与国王相同的礼遇，在和法国圣德尼大教堂②拥有同样地位的威斯敏斯特大教堂举行。

布丰从不在宗教问题上含糊其词，尽管人们曾攻击他和其他一些名人一样对圣人大不敬。不过，以博物学家的眼光来看待世界的布丰，从来不曾想过要摧毁人们心中代表着希望与宁静的神圣基石。在

---

① 多邦东（Louis-Jean-Marie Daubenton，1716—1800），法国博物学家、医生。——译者注
② 圣德尼大教堂位于法国巴黎近郊，自克洛维一世以来的几乎所有法国君主均葬于此。——译者注

蒙巴尔，他在生命最后的时日里向宗教公开表达的敬意，使他免受了一切责难。布丰逝世的时候既是基督徒又是哲学家，他最后的思绪停留在一个崇高的想法上——希望能有来生，以完善他受限于此生的认知。

第一章

地球的理论

1749 年，《博物志》的第一卷至第三卷出版。第一卷的主要内容就是地球的形成史。在该卷第一章，布丰开宗明义："我们在此讨论的不是地球的外表、运转，也不是它与宇宙其他部分的外部联系。我们想要研究的是地球的内部构造，以及其形状和组成材料。"布丰提出，各级地层是在海水的作用下沉积而成的，高山、山谷、河口、海湾等地貌也是由于水流的作用才形成的，而地震和火山喷发并非地球面貌改变的主要力量。

布丰这样的观点与现代地质学的观点大相径庭，却正是当时流行的地质形成"水成论"的重要论点。布丰的理论并非生编硬造，更非人云亦云，而是在当时能够获得的资料基础上进行的归纳和总结，有着充分的证据和严密的逻辑。

1779 年，布丰出版了《自然的纪元》一书，并将其列为《博物志》的第三十四卷（同时也是补编部分的第五卷）。在这本书中，布丰无惧教会的压力，忠实于自己掌握的各种材料，首次推算出地球的历史应该至少有 75 000 年，而不是从《圣经》中得出的 6 000 年。由此可见，对自己手中大多数证据都指向的结论，布丰会勇敢地提出并坚持。

同样是在《自然的纪元》中，布丰首次提出，可以根据地层组成和地层化石的不同特点，"将早期时代划分成六个不同阶段、六个时间的区域"。这些观点和布丰的其他学说，为后来的地质学、古生物学等学科的研究提供了材料，指出了方向。

我们今天阅读布丰的地球理论，要注意分辨其中的谬误，更要理解他所处时代的局限，欣赏他优美的语言和严谨的治学，赞美他的学术勇气——正是无数像他这样忠于事实、勇敢探索的人推动了人类科学的进步。

本章从《博物志》第一卷和第三十四卷各选取部分内容，希望能帮助读者对布丰的地球理论有一个整体的印象。

地球的理论

描绘 1767 年维苏威火山喷发夜景的插图，绘制于 1776 年左右

　　我们在此讨论的不是地球的外表、运转，也不是它与宇宙其他部分的外部联系。我们想要研究的是地球的内部构造，以及其形状和组成材料。地球的整体演化历程应该先于地球上各类生物的单一演变过程。生活中各类事件的细枝末节、动物的习性、植物生长繁殖的规律，对地球的影响可能没有那么大。人们观察地球的各种组成成分，观察地球表面的高山、深渊以及地球不规则的形状，观察海洋的运动、山脉的走向、矿石的位置、潮汐的速度及引发的效应等得出的普遍结论，

才能算是真正涉及自然，那些才是大自然的主要动作，其他一切事物都受其影响。这些现象背后的原理就是最早的科学，支配着人们对各种独立现象的分析和对地质成分的精准认识。尽管人们想将自然科学的这一分支叫作"物理"，但任何不构成系统的物理现象难道不属于博物学的一部分吗？

想象出一个系统比推演出一套理论要容易得多。因为各式各样的课题覆盖范围很广，彼此间很难找到联系，各类现象有些尚是未知的，其余还未被确定，所以地球理论总是模糊不清，假说频现。因此我接下来将简单介绍几位学者在地球理论方面的有特色的观点。

有一位天文学家，对牛顿的力学体系深信不疑。他不仅理智，更充满创造精神，对天体的运动和方向做出了各种可能的假设，还通过观察彗星的尾巴，并借助于一种数学运算，对地球上的各种变化做出解释。

还有一位异端神学家，脑中满是各种诗意的幻想，觉得自己见证过宇宙的形成。他竟然运用先知的口吻，不仅向我们描述混沌初开时的地球、大洪水引发的变化、地球的过去与现在，甚至还向我们预言人类消失后地球的样貌。

第三位学者比起前两位更懂得观察，但是他的思维也很混乱。他以深埋于地下深渊中的大量水分作为基本事实，对地球上的主要现象做出解释，并推断出地球不过是一层薄薄的外壳，内里包裹的全是液体。

这些随意而为的假设没有什么理论基础，不但没有阐明事实，反而混淆了视听。人们把奇闻逸事与物理学混为一谈，而且接受这些理论的人都很盲目，无法辨别客观事实与可能性事件中的细微差别，离奇的传闻远比真相更能受到他们的瞩目。

关于地球这一主题，我们想要说的内容一定没有那么不同寻常，和我们提到的其他体系相比或许显得平淡无奇。但是，我们不要忘记，历史学家的使命是描述事实而不是恣意创造，他的研究不应该建立在假设之上，想象力只有在他整合各类观察结果、寻找事件的普遍规律，并将这一切归纳为一个整体，在头脑中有序地呈现各种观点和观点之间的某种可能的联系时，才能发挥作用。我强调"可能的"，是因为人们不应该指望能对某种理论做出完全精确的论证，精确只存在于数学中，我们对于物理学和博物学的认识来源于经验，且仅是一些总结归纳所得。

就让我们从历史上的经验以及我们自己的实际观察出发，展开我们对于地球的认识。广阔的地球表面有高地、深渊、平原、海洋、沼泽、河流、岩穴、深坑、火山。在对它们的初步观察中，我们没有发现任何规律或层级。如果我们深入到地球内部，我们会发现金属、矿物、石块、沥青、沙砾、土地、水等各类物质，它们以一种偶然的、无明显规则的次序排列着。再仔细观察，我们会看到下陷的高山、龟裂破碎的岩石、被掩埋的地区、新出现的岛屿、被淹没的土地以及被填满的岩穴。我们发现厚重的物质总是在轻薄的物质之上，坚硬的物体周围总是包裹着柔软的物体，干燥与潮湿、炎热与寒冷、坚固与脆弱交织在一起。这一切的混杂和凌乱给我们的印象只是一堆残骸和一片废墟。

然而我们在这片废墟上安定地生活着。一代又一代的人类、动物、植物在此繁衍生息，从未间断。大地为他们的生存提供了充足的资源；海洋的运动遵循着一定的界限和法则；气流有着规律性的走向；四季有着固定的周期；青枝绿叶在寒冷的冬季过后总是又冒出来。似乎一切都有章可循。方才看来还是一片混沌的大地很快又成为笼罩着平静和谐气氛的乐土，一切都处在一种强大力量和智慧的组织与引导之下。对此人们赞叹不已，仿佛能感受到造物者的光辉。

我们不必急着宣称，地球表面所见之处参差不齐，地球内部明显杂乱无章，也许不久我们就会发现这一无序的状态大有用处，甚至是必不可少的。如果多加观察，我们还有可能发现一种先前没能推测到的规律和一些乍看之下无法察觉的普遍联系。老实说，我们对地球的认识总是很有限。我们还没有完全了解地球的整个表面，对大海深处的部分奥秘还未探足，有些海域我们甚至没有办法探测其深度。我们只接触到地球的表层，即使是最大的洞穴、最深的矿井，其深度也不到地球直径的千分之八。所以，我们只能对地球的外部浅层做出判断，对于内部的整体构造一无所知。我们知道，从体积上推测，地球的重量是太阳的四倍[①]，我们也知道地球和其他星球的重量关系，但这都是大概的估算，我们缺少一种测量单位，也不知道地球内部物质的实际重量。地球内部可能是中空的，也可能充满一种比黄金重一千倍的物质，我们没有办法知道它究竟是什么，也难以对此做出一些合理的猜测。

我们应该把观察和表述的对象限定在地球表面以及地表以下我们已经探寻过的很浅的一部分。首先呈现出来的是覆盖了地表大部分的丰富水资源。这些水总是位于地势低处，保持在同一水平面上，不断寻找着平衡与安宁。然而我们看到一股强大的力量令它波动，破坏了它的平静，推动它进行周期性、规律性的运动。潮起潮落不断交替，

---

① 根据现代的观测结果，太阳的质量约为地球质量的 33 万倍。布丰在《博物志》中给出了不少现在看来是错误的观点和数据，但我们不应嘲笑前人的谬误。现在的小学生掌握的很多科学事实，布丰时代的天才们都未必知道，而这并不表明如今的小学生比那时的天才们更聪明，更智慧。读者需要回到历史语境中理解布丰的言论。——编者注

整个海洋都在晃动中寻找平衡，从海面一直延伸到海底最深处。我们知道这样的运动将永不停息，只要引起潮汐的太阳和月亮仍在，它就会一直继续。

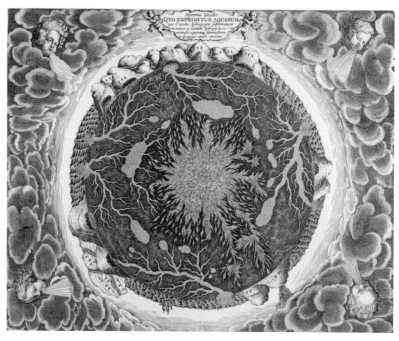

17世纪的德国学者阿塔纳修斯·基歇尔（Athanasius Kircher，又译"阿塔纳斯·珂雪"，1602—1680）提出的地球模型。基歇尔认为地球的中心是一团炽热的火焰，地球表面和中心之间存在着充满水的"地下海洋"；"地下海洋"与地球表面的海洋相通，海水在"地心火焰"的加热作用下进出"地下海洋"便会引发潮汐。到了布丰的时代，人们已经知道潮汐是由太阳和月亮的引力引起的，但是"地下海洋"假说的影响力却依然存在

再来看看海底世界，我们注意到这里和大地表面一样凹凸不平，有各种高地、山谷、平原、深渊、岩石和平地。所有的岛屿都不过是巨大山脉的顶峰，山脚和山根都被水覆盖着；还有一些山的顶端刚抵水平面。我们还看到一些湍急的水流似乎要从主流中挣脱出来，有时继续朝同样的方向流动，有时则会逆向而动，但从不超越界限，这一界

限就像大地上河流的走向一样固定不变。那边，暴风雨侵袭，狂风加速着暴雨的到来，躁动的海洋和天空相互碰撞、混为一体；这边，大地内部在颤动，被海水浸没的火山口不断向外喷火，厚厚的蒸汽混杂着水、硫黄、沥青直冲上天空，引起地表的翻腾，还有强烈的气旋和动荡。更远处，我看到一道道让人心生畏惧的深渊，似乎要引来船只，然后再把它们吞没。再过去是辽阔的平原，那一直宁静平和的状态下却也潜伏着危险：在这里风无法施展拳脚，海上的生存之道变得没有用处，只能静静地等待衰亡。最后，我们把目光投向地球的两极，只见巨大的冰块脱离极地大陆，像飘浮的大山一样四处游走，直到进入温带地区融化、消失。

这就是浩瀚的海洋帝国给我们提供的主要资源。各种各样的海洋生物成千上万地聚集于此，占领了整个疆域。有些动物身披轻便的鳞片，在不同的区域间快速穿梭；有些动物则背负着厚厚的外壳，笨拙地爬行，在沙地上缓慢地留下痕迹；有些动物凭着大自然赋予的翅膀状的鳍，在海中悬浮上升；还有一些动物无法进行任何运动，只能依附在岩石之上。一切动物都在水中找到了它们赖以生存的食物：海底生长着大量植物、苔藓以及一些甚是奇特的植被。海底地表由细沙、砾石构成，通常还有淤泥，有时混有紧致的泥土、贝壳以及岩石，和人类居住的大地十分相似。

现在让我们去往陆上的世界。各种气候之间的差异真是不可思议！地表的形态千变万化，高低不平！如果观察得再细致一点，我们会发现，地球上的大型山脉距离赤道地区比极地要更近些，在旧大陆上东西走向的山脉比南北走向的要多，在新大陆上则正好相反，南北走向的比东西走向的多。值得注意的一点是，这些山脉的形状和轮廓看上去毫无规律可循，实际上它们的走向却是有连续性且互相呼应的，一座山突起的地方正好和邻近山脉的凹陷处相对应，山与山之间被山谷或者沟壑隔开。我还观察到，相对的山冈总是具有近乎相同的高度，山脉大体上位于陆地中央，且浩浩荡荡绵延数十里至岛屿、岬角和其他伸进水中的土地。我也追踪过大河的流向，发现大河的走向几乎总是和它们最终流入的大海海岸垂直。河流的走向在大部分河段和它们发源的山脉基本相同。再来观察一下海岸，我发现海岸一般以大理石以及其他坚硬的石块，或者由海水和河流带来的泥沙为界。毗邻的或者被中间的一小段海水分开的两处海岸，都由相同的物质组成，海底的海床也完全一样。我还看到，火山总是位于高山上，有很大一部分已经完全熄灭，还有几座火山通过地下活动彼此联系着，有时会同时爆发。

基歇尔的著作中解释火山成因的插图。基歇尔认为，"地心火焰"利用"地下海洋"的通道逃逸到地表，就会形成火山

我发现，一些湖泊与各自邻近的海洋之间存在着相似的联系，河川与激流一到这些地方就突然消失不见了，似乎要急切地奔涌至地下深处。地下仿佛有一片海，上百条河流在此汇聚，带来了大量的水；但这片宽广的内海却没有升高，大概是通过众多地下通道将这些水流重新分散了出去。通过脚下的道路，我可以轻易地分辨出曾经有人居住过的地区。新开垦的地方与之相比，土地看起来依然处于原始状态。河流多由瀑布汇集而下，有的土地被水淹没，有的变成沼泽，但还有一部分过于干燥，水的分布尚不规律，可耕种的地带都被原始丛林覆盖着。

　　更加细致一点来说，我发现地球的浅层表面都被同一种物质覆盖，植物和动物借此繁衍生息。这种物质实际上不过是一种由动植物的残骸或者已无法辨认其原始形状的肢体碎块构成的混合物。再往深处看，我发现了真实的地球。我看到一层层的沙砾、石灰石、黏土、贝壳、大理石、砾石、白垩以及石膏等物质。这些物质层层叠叠平行铺开，每一层在它所覆盖的区域都有着相同的厚度。即使在被大量深邃的沟壑分隔开来的邻近的山丘上，人们也总能在同一高度找到相同的物质。在地球的各个层级，即便是比较坚固的层，比如岩石堆和大理石矿山里，都有一些缝隙，这些缝隙和地面垂直。且无论缝隙是深是浅，都遵循着大自然不变的法则。此外，在地球内部、山顶以及最远离海洋的陆地深处，人们发现了贝壳、海生鱼类的骨架以及海生植物等，它们和目前生活在海里的贝类、鱼类和植物十分类似，甚至实际上就是同类。这些石化的贝类数量惊人，分布范围广泛，它们被包裹在岩石、大理石和其他硬石以及白垩和土壤里。这些贝类不仅被以上物质包裹，还被这些物质渗入到内部，经石化后和周围物质融为一体。通过反复的观察，我可以确定，大理石、石块、白垩、泥灰岩、黏土、沙砾以及几乎所有地表成分中都有贝类以及其他海底生物的残骸，在地球上我们能进行精确观察的所有地方都是如此。

对于以上提到的各项，我们能进行合理的论证。

两千年甚至三千年以来，地球上发生的各种变化与地球形成初期经历的变革不能同日而语。因为，地球上的一切物质只有在重力以及其他外力的不断作用下，内部的微粒才能汇聚融合从而使得物体变得稳固。显然，地球表面在早期阶段应该远不及它后来呈现出的那样坚固。今天，一些因素经过几个世纪的酝酿能在地球上引发一些难以察觉的变化，而在地球早期，同样的因素应该在短短几年间就能引发很大的变革。事实上，可以确定的是，现在人们居住着的干硬的大地，曾经浸在海水之中，而且海水没过最高山脉的顶峰。因为，人们在这些山上乃至山顶上发现了海洋生物的贝壳，与现今活着的贝类有着惊人的相似度，令人毫不怀疑它们就属于同一种类。而且，海水似乎在很长一段时间内都占据着大地，人们在好些地方发现了数量可观且面积广阔的贝壳群，而数目如此之大的动物是不可能全部生活在同一时期的。这似乎也证明了，尽管构成地球表面的物质彼时处于松软的状态，很容易分解，从而融进水中随水流动，但这些变动也不是一蹴而就，而是循序渐进的。人们有时能在一千到一千二百法尺[①]深的地方发现一些海洋生物的贝壳，这一深度的土壤或者岩层应该需要很多年才能形成。如果假设所有的贝类经过一场波及全世界的大洪水，从海底深处翻涌上来，随水流漂往地球各地，且不说这一假设很难成立，即便是这样，因为这些贝类的化石是嵌在大理石和高山上的岩石里的，还必须假设这些大理石和岩石是在大洪水泛滥之时同时形成的，而且在此之前地球上没有高山、大理石、岩石、白垩或者我们所知道的任何含有贝壳和其他海底生物残骸的类似物质。此外，在大洪水时期，构成地球表面的物质应该已经在超过一千六百年的重力作用下变得非常坚固，所以似乎不可能在洪水泛滥的短时间内被轻易撼动，以至产生如此深的沟壑。

---

① 法尺，法国旧长度单位，1 法尺约合 32.5 厘米。——译者注

028

瑞士学者约翰·雅各布·朔伊泽（Johann Jakob Scheuchzer，1672—1733）的著作《神圣的大自然》（*Physica Sacra*）中描绘的挪亚方舟和大洪水。在这本书中，朔伊泽试图用他那个时代最先进的科学知识解释《圣经》中记载的人类历史

洪水问题此后还会被提到，在此我就不做赘述了，我只将精力放在确定不变的观察和事实之上。毋庸置疑，人们目前所居住的地球表面曾经被海水占据着，我们生活的大陆表面曾是海洋底部，海洋中现在发生的一切都曾在这片大地上上演过。此外，我们已经注意到，组成地球土层的各种物质在水平方向上平行地分层排列，很显然是海水的杰作，这些物质在海水的作用下慢慢积少成多，并且被海水赋予了这种水平的状态，因为我们所见过的每一处海水都是水平的。在平原上地层都是水平的，只有在高山中，因为沉积物在一个弯曲的基底即斜坡上不断堆叠，才会出现曲折。然而在我看来，这些地层是逐步形成的，不是在某次伟大的变革中骤然成形的，因为我们经常发现一些由重质材料组成的地层位于质量轻得多的地层上部。假如像一些学者设想的那样，所有物质同时分解、融入水中，而后沉到水底，它们会呈现出一种与现在完全不同的结构：最重的物质会最先下沉，位于最底部，每一种物质因重力的不同，会按照重量从大到小的顺序依次沉降。这样一来，我们就不可能在轻质的沙石上方发现大量的岩石，也不能在黏土下方发现煤，在大理石下方发现黏土，在沙砾上方发现金属。

还有一件事情必须引起我们的注意，那就是各级地层是在海水的作用下沉积而成的，而其他引发地球上大变革或者小变化的原因不可能产生同样的结果。无论是最高的山脉还是最低的平原，都由各个平行的岩层构成，因此我们无法将山脉的起源和形成完全归功于震动、地震或者火山爆发。有证据表明，虽然地球这些痉挛似的运动有时能形成一些小山丘，但这些山丘不是由平行的层级构成，而且其组成成分间没有什么内部联系，分布并不规律。这些在火山作用下形成的小山丘，看起来就像是废弃物胡乱堆叠而成的。然而我们在各地观察到的、在水平方向上平行排列的各级地层，只可能是在一种持续的、有规律的、同方向的运动下形成。基于一些无可争辩的事实，我们反反复复做了很多精细的观察，从而确信，我们目前居住着的陆地曾在很长一段时间内浸没在海水之中，海洋中如今每时每刻都在发生的一些运动和变化，同样也曾在这片大地上上演过。所以只要去看看如今的海底世界就能得知陆地曾经的状态，从中我们也能得出关于陆地外部形态与内部构造的一些合理推断。

朔伊泽在《神圣的大自然》中写道，阿尔卑斯山脉中的岩层证明了大洪水确实发生过，而岩层中的一些化石来自在大洪水中淹死的生物

不要忘了，在月球的主要作用下，海洋从其生成之日起就无时无刻不在做着潮汐运动。这一运动，在一天之内能使海水上涨、回落各两次，且在赤道地区比在其他气候带更为猛烈。也不要忘了，地球绕着地轴高速运转，赤道地区所受的离心力比其他地方更大。单凭这一特点，无须最新的观察与测量，就足以说明地球并不是一个完美的球体，赤道地区比两极地区要高。从这些初步的观察结果中可以得出，尽管人们假设在上帝之手的创造下，地球在各个方向都是完美的球形（这一猜想毫无根据，球形只是人们主观的想法），随着地球昼夜运转和潮汐交替，赤道地带会因淤泥、土壤和贝类等的逐步堆叠而一点一点被抬升。所以，地球上最高的高峰应该位于赤道附近，事实也确实如此。由于潮涨潮落每日交替，从不间断，人们很自然就会想到，海水从一个地方流向另一个地方，每一次都会带走少量物质，这些物质随后沉降到海底，形成一些我们随处可见的水平的平行地层。从总体上看，海水的潮汐运动是发生在水平方向上的，所以被水搬运的物质也必须遵循同样的方向，在水平面上平行排列。

不过，既然我们说潮涨潮落是一种水流间的等质交换，是海水有规律的晃动，那么为什么不存在一种补偿机制？涨潮时带来的物质在退潮时为什么没被带走？如果是这样的话，地层形成的动因将失去根据，海底世界将一成不变，落潮带来的缺失会在涨潮时被填补，潮涨潮落将无法引发任何变动，无法改造海底世界，更别提产生一些高山或峡谷，改变其最初的形态。

对此，我的回答是：水流的交替并不是等量的、平衡的，因为海水总是自东向西流；而且，风力引发的波涛汹涌会妨碍涨潮和落潮时水流的互补。海洋中所发生的一切运动，总是能带来土壤及其他物质的移动，并使这些物质在某些地方沉积下来，在水平方向上形成平行的地层。且不管海水怎样运动，土壤和物质的转移、下降沉积、在水平方向上的平行排列都是必不可免的。不过，只用一个事实就可以很轻易地回应人们对于"潮汐改造海底结构"一说的质疑，那就是，在广阔的海洋中所有发生着潮汐运动的地方，在所有的海岸边，人们发现涨潮时带来的大量物质没有随着退落的潮水而流走，一些渐渐被海水覆盖，而另一些则因海水带来的泥土、沙砾和贝类等在此沉积而逐渐高出水面，裸露在外。这些沉积物很自然地呈水平排列，并随着时间的推移逐渐累积升高达到一定程度，逐渐远离海水，从此处于干燥的状态，成为陆地的一部分。

为了不在这一重要问题上留任何疑问，我们来仔细分析一下物质通过水流的作用在海底沉积从而形成高山的可能性。没有人能否认，海水在涨潮时猛烈地冲击海岸，这一不断重复的运动引发了一些变化，那就是每一次涨潮都会带走海岸边的少量土壤。尽管海水会受到岩石堆的阻力，但人们知道，水会一点点侵蚀它们，每当海浪拍打到岩石上，在退去之时都会带走一些岩砾。这些小石子或者土壤微粒势必顺水流动一段距离，在被带到一些水流缓慢的地方时，会因为自身的重量而很快沉降到海底。这些微粒将根据海底的地貌形成或水平或倾斜的一级地层，一级地层不久又会被另一层在相同原因下被带到此处的物质所覆盖。就这样，大量沉积物在此逐层堆积，平行分布。水流不断带来新的沉积物，沉积层不停升高，随着时间的流逝，在海底逐渐形成一座座山丘。这些山丘不管是在内部结构还是在外部形态上，都和我们在地球上看到的山脉别无二致。那么在海底物质沉降的地方生活着的贝类，会被沉积物覆盖包裹，掺入到沉积层中，最终成为沉积物的一部分。人们发现，这些贝类处于两种状态，有些是自己落入沉积物中，有些则是在沉积物降落时被覆盖住。在初级地层形成之时就生活在海底的贝类，位于沉积物的最底层，而那些此后落到沉积层上的贝类则处于较高的层级里。

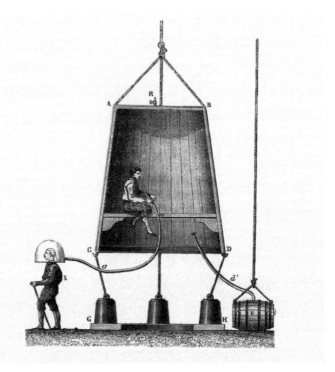

英国天文学家、物理学家、数学家埃德蒙·哈雷（Edmond Halley，1656—1742）于 1691 年设计的潜水钟，据说他还为此申请了专利

    不管怎样，当水流搅动海底世界，一定会使一些土壤、淤泥、贝壳和其他物质发生位移，作为沉积物积聚在某些地方。潜水员们最多能下潜到二十法寻①深的地方，他们向我们证实，海洋底部并不平静，海水因与泥土交融而变得混浊，淤泥和贝壳能被水流卷到相当远的地方。海洋中一切人们可以下潜抵达之处，都有泥土和贝壳在漂移。它们在某处沉降，形成一些平行的地层和一些类似于陆地山脉的高地。在潮汐、风、洋流以及其他海洋运动的共同作用下，一些物质与海岸分离，在海底沉淀，形成各种高低不平的地貌。

---

① 法寻，法国旧长度单位，相当于两臂展距，1 法寻约为 1.62 米。——译者注

而且，如果认为这种物质的位移不能在长距离内发生，你就错了。因为我们每天都能看到来自印度洋的种子及其他生物抵达我们的海岸。这一现象的原因是，种子一类的物质比水要轻得多，不像我们前面提到的海底沉积物那么重。不过沉积物能化成细小的粉尘，在水中漂浮较长的时间，为长途漂流提供了可能性。

有一些人声称，海洋深处的海水不会受潮汐影响。他们忽略的是，涨潮和落潮是整片海洋的运动，而且在地球这样一个水球上，这样的运动有可能波及地心。引发潮汐运动的力量具有穿透性，以一定的比例作用于各种物质之上。人们甚至可以通过测量确定这一运动在水下不同深度的作用力大小。除非否定这些合理的论证和准确的观察，否则人们无法质疑潮汐在海洋深处引起的巨大变化。

我们可以合理推断，涨潮、落潮、风以及其他一切可以使海水运动的因素，通过水流的作用在海底生成一些高地和山脊。这些高地总是由平行的或者倾斜的层层叠叠的堆积物构成，随着时间的流逝，其高度显著增长，最终在广阔的海底形成山丘，山丘的朝向与将它们带来此地的水流方向相同，此后又逐步形成连绵的山脉。这些高山一旦形成，会扰乱海水均一的运动，在正常的流向之外产生一些特别的走向。两座邻近的山丘之间势必会形成一股水流，根据山丘的走势而流动，而且会像陆地上的河流一样，在山脚下形成一段沟渠，整个流域两岸的山石都相对而生。这样一来，涨潮时的水流往山顶运送沉积物的同时，山脉之间的暗流则会带走两山之间的部分沉积物，使山丘的纵深不断增加，与此同时还会在山脚凿出一个小山谷，两侧的山脉角度相互对应。在这两股水流以及沉积物的作用下，海洋底部变得沟壑纵横，布满了山丘和山脉以及一些如今被人们发现的突起。组成高地的柔软物质会随重量的增加逐渐变坚硬。如果这种物质仅由黏土构成，会形成我们在很多地方见到过的黏土山丘；如果里面含有沙质以及晶体质，则会形成大量的岩石堆或碎石块，人们可以从中提取水晶和宝石；如果里面混有石块和贝类，则会形成由石块和大理石构成的地质层，今天人们从中发现了贝类的化石；最后，如果里面混杂着大量的贝类和泥土，就会形成泥灰岩、白垩以及土地。这些地质呈层级分布在海床上，构成各不相同。在这里，海洋生物的残骸基本依据重力法则大量堆积：最轻的贝类在白垩层里，最重的在黏土和石块中，贝壳内部也有与包裹着它的石块和泥土相同的物质。毫无疑问，这证明贝类是和包裹它、填充它的物质一起随海水运动的，而其中含有的物质已经变成难以辨认的微粒。所有因海水运动而处于某一位置的物质，至今仍停留在最初沉积的地方。

描绘 1770 年霍氏沧龙（*Mosasaurus hoffmanni*）头骨化石在荷兰马斯特里赫特被发现时的情景的插图，这幅插图出自 1798 年出版的《儿童图解百科》（*Bilderbuch für Kinder*），而图中的化石现藏巴黎自然博物馆。沧龙是博物学家们最先发现并进行科学研究的史前爬行动物，它使得当时的学者们开始设想，远古时代的地球上可能生活着完全不同于现存生物的各种生命

有人可能会对我们说，大部分顶部由岩石、石块或者大理石构成的山丘和山脉，基底则由一些更为轻质的物质组成，要么是一些坚固的黏土，要么是与周边较远处的平原一样的沙层。有人会问我们，为

什么这些大理石和岩石会位于沙砾和黏土之上？在我看来，这一现象的发生再正常不过。水流首先运来了黏土或者沙石，铺就了海岸或者海底的第一层，聚集起来的黏土和沙石在底部形成一个高地。此后，一些位于海底底层的更加坚硬而沉重的物质被水侵蚀成细小的微粒，顺水流动，落在黏土或沙石质高地上，这就是今天我们发现的山丘上的大岩石及小石块的来历。这些重量最大的物质，本该位于其他物质的下方，但如今却居于上层，原因在于它们是最后才被水流分解搬运来的。

为了证实以上内容，让我们来仔细观察一下组成一级地层的各类物质所处的状态，这是我们目前唯一能确切掌握的东西。矿山由各级矿床组成，基本上处于水平方向，或者沿着同一个斜坡有所曲折。位于黏土或其他稳固的基底上的矿山，差不多都处于水平方向，尤其是在平原上。有些矿山中含有散布的砾石和砂岩，土质分层就处于一种比较无序的状态。不过，自然的均一性决定了这一状态不是常态。因为在数量占多数的由磐石以及大块砂岩组成的矿山中，各个层级呈水平或者保持和地形一致的倾斜状态；只有在少数由砾石和小块砂岩组成的矿山中，平行的状态才被打破，因为正如我们在前文解释的，砾石和小块砂岩的形成晚于其他物质。磐石、玻璃质沙石、黏土、大理石、石灰石、白垩、泥灰岩都是在水平方向上分层排列，或者沿着同一个方向倾斜的。人们可以很轻易地从这些物质中分辨出各级地层最初的排列方式，因为各个层级大都位于水平方向上，而且质地很薄，状如书本中一页页纸张。由沙砾、软黏土、硬黏土、白垩、贝壳组成的层级，要么水平排列，要么顺着同一个斜坡有所倾斜，每一层厚度均衡，一般占地数法里①，如果进行更加细致的观察，还能追踪到更远的地方。总之，组成地球上初级地层的物质，就是以这样的方式排列的。不管

---

① 法里，法国旧长度单位，在布丰的时代，1 法里约合 4 千米。——译者注

人们去什么地方挖掘探测，都会发现地质分层的现象，并亲眼证实上述内容。

从某些方面来看，有一种情况应当算作例外。那就是水流从山坡俯冲而下时从山顶带下来的一些沙石或砾石形成的地层。这些砂层有的位于平原地区，占地面积相当大，一般位于可耕地的土层下方。平地上的砂矿，和更为古老、更为内部的层级一样，处于水平方向上；位于山脚和山谷的砂质层会有大的倾斜，它们因沙石从斜坡上滚落而形成，也遵循着斜坡的方向。这些砂质层是大河和小溪的杰作，也是溪流将沙石与砾石四处搬运，从而改变了平原的地层结构。假以时日，一条从邻近的高山中流下来的小溪就足以在整个山谷内形成一个沙石或砾石层，不管山谷的面积有多大。有的田野四面环山，且这些山丘的基底和平原一样由黏土构成。我时常在此观察到，溪水流经的地方，黏土即位于耕地之下，而且在溪流之下、黏土之上还有一个约一法尺厚的砂质层，一直延伸到相当远的地方。这些砂层，在河流以及其他水流的作用下形成，其构造与原始地层不一样。它们具有明显的特征，很好辨认。首先，与原始地层不同，这些地层的厚度不是处处一致的；其次，它们中经常会出现一些断层；此外，其组成成分与原始地层相比有明显差别，各类物质经过水的冲刷，在滚动中变得圆润。同理，位于沼泽地初级地层之下的泥炭层和腐殖质层也不是原始地层，是由沼泽地上遍地都是的树木与植被逐渐堆积而成的。洪水在各地催生的淤泥层也是后来才出现的。这些地质结构在或流动或静止的河水的作用下生成，晚于形成于海浪规律性运动的原始地层，不严格按照地形的倾斜角度或者水平方向分布。在江河作用下形成的地质层中，人们发现了一些江河生的贝类，却很少有海生的，能找到的为数不多的海生贝类也是支离破碎，被水流带到这里，脱离了整体。然而，在古老的地质层中能发现大量的海生贝类，完全没有江河贝类。这些海生贝类保存完好，以同样的方式排列着，就好像是因为同一个原因被同时

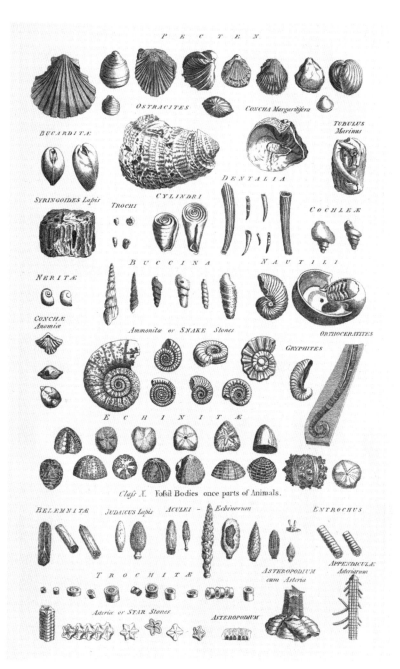

出版于18世纪的一部百科全书中收录的贝类化石

运送至此的。为什么这些物质是分层排列的，而没有杂乱无章地堆放？为什么大理石、硬石、白垩、黏土、石膏及泥灰岩等没有散布于不规则的或者纵向排列的地层中？为什么重物不总在轻质物体的下方？很明显，自然的这种统一性，陆地的这种构造方式——各种各样的物质不按重量水平地分层排布——只可能归因于一种与海水搬运一样强大而持续的因素，要么是风的规律性作用，要么是潮汐运动。

这些原因在赤道地带引起的效应比其他气候带更为强烈，因为和其他任何地区相比，赤道地区的风力更为持久，潮汐运动更猛烈，因此最大的山脉都位于赤道附近。非洲和秘鲁的山脉是人们目前所知的最高山脉，不仅跨越了整片大陆，其位于大西洋底的部分还延伸到很远的地方。欧洲和亚洲的山脉从西班牙一路延伸至中国，但也没有南美洲和非洲的山脉高。在旅行家们的描述中，北部山脉和南部山脉相比，简直小巫见大巫。而且，热带地区的岛屿多如繁星，北部海域中则要少得多。由于岛屿是海底山脉的山顶，很显然，赤道地区高低不平的地方比北方地区要多。

涨潮与落潮的普遍运动造就了旧大陆上自西向东和新大陆上自北向南最高大的山脉，它们覆盖了相当辽阔的一片疆域。不过其他一些山脉的形成，则要归功于水流、风和海水的其他不规则运动。这些山脉可能是在上述各项原因的综合作用下形成，这些原因所引发的变化却是无穷的，因为风力的大小、岛屿及海岸位置的不同，潮汐运动的方向每时每刻都在发生改变。所以，如果人们在地球上发现大量海底山脉的暗流指向不同的海滩，也就不足为奇了。对我们来说，以上事实足以证明，山脉的形成并非偶然，不是由于地震或其他突发性因素，而是源于自然的普遍规律，就像它们内部结构的形成和组成成分的分布一样。

我们生活的（也是祖先们生活过的）这片古老大地，是一片干燥、坚实、远离海洋的陆地，曾经深藏于海底，现在却为何高于水平面并且和其明显分离？既然海水曾长期占据这片大地，为什么它没有继续停留于此？是什么样的事件、什么样的原因导致地球上出现了这样的变化？能导致这样的结果的强大力量真的可以产生吗？

这些问题难以回答。不过事实明摆着，即便我们不知道原因，也不妨碍我们做出以上判断。但是，如果我们想要深入思考一下这些问题，我们可以为这些变化归纳出一些颇为合理的缘由。我们每天都看到，海洋侵占了某些岸边的陆地，同时又失去了一些领地。我们知道大洋总是永不间断地自东向西流动，距海岸很远都能听到海水冲击低地和岩石阻碍它的运动所发出的巨大声响。我们知道需要在哪些外省地区筑起堤坝，以艰难地应对愤怒的波涛。我们随手就能举出一些例子，有哪些地方最近被淹没或是海水经常泛滥。历史上不乏一些更为严重的水灾以及大洪水。这一切都让我们相信，地表上的确发生过巨大的变化，海水离开了曾经占据过的大片土地，使其裸露在外。例如，如果我们花一点时间假设一下，旧大陆与新大陆曾经是一片整体，经过一场剧烈的地震之后，柏拉图口中的旧大西洋地区下陷，海水势必从四面八方涌入，形成大西洋，从而使得大面积陆地裸露在外，其中可能包括我们目前所居住的陆地。这一变化可能是由于地球内部的某个大洞穴突然下陷而造成，并由此引发一场世界范围内的大洪水。又或者，这一变化可能经过了很长时间的酝酿，并非一蹴而就。不过它最终还是发生了，我甚至认为这是必然的结果。想要还原过去和预知未来，我们只需要研究当下的情况。通过旅行家们的反复观察，可以确定，海洋从始至终自东向西流。不仅在热带地区如此（就像东风一样），在所有有着人类足迹的温带和寒带地区也一样。从这一准确无误的观察中可以得出，太平洋一直在冲击着鞑靼、中国及印度的海岸，印度洋拍打着非洲东海岸，大西洋也同样作用于美洲东部所有海岸，所以海洋曾经并且一直试图占领东部海岸，放弃西部海岸。这足以表明，海洋有可能变为陆地，陆地也有可能变为海洋。很明显，水在自东向西流动，在此基础上，我们可不可以做出颇为合理的推测，认为地球上最古老的地区是亚洲以及整个东部大陆；欧洲以及非洲部分地区，尤其是在西部沿岸地带，像是英格兰、法国、西班牙以及毛里塔尼亚所处的地方，都是新生成的陆地？历史在此似乎与物理相吻合，从而肯定了这一推测并非没有依据。

不过除了自东向西不断流动的海水，一定还有一些其他原因导致了上述的各种现象。为什么海平面以下没有陆地，为什么陆地是被地峡、岩礁或者更为脆弱的堤坝保卫着？水的威力一点点摧毁这防线，而后将这些地区淹没。此外，高山在雨水冲刷作用下，土壤被分解带入山谷，高度逐渐变矮；平原和高山上的泥土被溪流带入河里，河水又将多余的泥土带入海洋。就这样，海底被渐渐填满，地表高度下降，降至与海水同一水平面。这样一来，海洋一步步占领陆地就只是时间问题了。

我不想讨论一些天马行空的成因，对此人们的主观臆测要大于客观推理。我也没有提到自然界的一些动荡，一场全球性的灾难只是它们有可能造成的最微弱的后果之一。彗星靠近或撞击、月球消亡、一颗新行星出现，都是人们可以恣意发挥想象的命题。一些类似的成因也能产生人们想要的结果，只要众多假说中的一个就能衍生出数以千计的被作者们冠以"地球理论"之名的物理著作。秉承着历史学家的精神，我们不接受这些虚妄的假说。这些空想建立在一些可能发生的假设之上，化为实际成果就是宇宙将发生翻天覆地的变化，我们的地球会像一个被遗弃的圆点，从我们的视线中消失，不再值得引起人们的关注。而要给地球正确定位，必须认清它现在的状态，仔细研究每一个部分，通过当下的状态找到过去的印记。此外，有一些因素引发的结果罕见，猛烈，突然，它们不在自然的正常运行之中，不应该被纳入讨论之列。只有那些每天都在发生的效应，一些从未间断的新陈代谢活动，一些稳定不变且反复出现的活动，才是我们需要找寻的原因和理由。

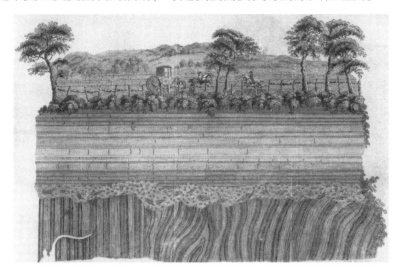

被称为"现代地质学之父"的詹姆斯·赫顿（James Hutton，1726—1797）在著作中描绘的英国杰德堡"地层不连续"（也称"地层不整合"）证据。布丰的时代正是地质学上的"水成论"兴盛、"火成论"萌芽的时代。"水成论"的代表人物是亚伯拉罕·魏尔纳（Abraham Werner，1749—1817），他依据自己在沉积岩发育地区的工作，提出一切岩石都是在水中形成的。而"火成论"则主要由赫顿提出，他在更丰富的资料基础上提出，岩石既有水成的，但也存在花岗岩等大量火成岩石。赫顿也有一本重要著作名为《地球理论》（*Theory of the Earth*），发表于布丰去世的1788年。支持"水成论"的布丰可能没有看到过这本书

在此基础上我们能够举出实例，将普遍原因与特殊原因结合起来，并在细节中进一步了解地球上发生的各种变化：要么是海洋突然侵袭陆地，要么是陆地越来越高从而脱离海洋。

最大规模的一次海水入侵大陆造就了地中海：海水快速流过两个突出的岬角之间的狭窄通道，汇聚成了一片宽广的海洋。如不将黑海

算在内，这片海洋的面积大约是七个法国那么大。海峡将两片海域连接起来，然而流经直布罗陀海峡的海水与流经其他海峡的海水不同：大海的整体运动方向是自东向西，而此处水流的方向则是自西向东。这也证明了，地中海从来都不曾是海湾，而是由某些意外原因导致的海水入侵形成的。这个原因可能是一次地震，导致海峡所在地区土地下沉，也可能是大风推动洋流冲断了直布罗陀和休达两个岬角之间的堤坝。这个观点有前人的证明做支撑。从之前的文章里可以知道地中海过去不存在，非洲和西班牙地中海沿岸的地质构造进一步证实了这一观点。这两处的海岸有很多相同的岩层、土层，就如同一些山谷两侧的山丘也由相同的物质构成，并且处于同一水平面上。

大海就这样打开了这扇门，以远快过今天的流速经过了直布罗陀海峡，淹没了连接欧洲和非洲大陆的土地；海水覆盖了所有的低地，如今我们只能看到那些位于意大利及西西里岛、马耳他、科西嘉岛、撒丁岛、塞浦路斯、罗得岛和地中海群岛上面的高地或者山峰。

我没有把黑海的形成归因于此次海水入侵，因为从多瑙河、第聂伯河、顿河以及其他河流汇入黑海的庞大水量足以使之成形，而且黑海在流经博斯普鲁斯海峡通向地中海时流速非常快，后者很难入侵。人们甚至可以假设，黑海和里海曾经只不过是两个大的湖泊，连接彼此的是一段海峡，抑或是一片沼泽或位于特里亚地区的一汪湖水，顿河和伏尔加河就在此交汇。人们还可以假设，这两片海或者说两个湖过去的流域比今天要广阔得多，只是流向黑海和里海的河流，一点一点地运来大量泥土，堵塞了中间的通道，填补了海峡，从而造成两个湖泊的分离。我们知道，随着时间推移，大河流入海洋时会导致新的陆地慢慢形成，比如中国的黄河入海口、密西西比河入海口的路易斯安那州，以及埃及北部由于尼罗河水泛滥形成的三角洲。湍急的尼罗河水携来了非洲内陆的泥土，继而在此大量沉积，淤泥厚度甚至达到五十英尺①。同理，黄河三角洲和路易斯安那的三角洲也是由河水带来的淤泥形成。

再说，如今的里海其实就是一个与外部海洋没有任何联系的内陆湖，就连看似构成里海一部分的咸海也与它没有什么关联。这两片水域被一个广阔的沙地分隔开来，沙地上既没有大江、小河，也没有水渠，里海的水无法流出。所以，里海与其他海洋没有任何外部联系。而且，我不知道它与黑海或者波斯湾之间有内部通道的猜测是否有合理的依据。事实上里海从伏尔加河及其他几条河流中吸收了大量水流，水量似乎等于因蒸发散失的那部分。姑且搁置内部通道的假设的可信程度不说，即使里海真的和某一海洋相通，人们应该能在水域的连接处发现一条湍急且恒定的水流，携四面八方的水奔涌而至。我不知道有谁曾在里海中发现过这样的水道，但一些严谨的旅行家所做的可信的叙述，向我们证实这一水道并不存在。所以，通过蒸发作用从里海中流失的水量应该与外界注入其中的水量相当。

我们甚至还可以推测，随着时间的流逝，当注入黑海的大河起源的高山因为雨水的侵蚀和风化作用而下降，流经黑海入海口的水流含沙量增加，水量减少，足以填补博斯普鲁斯海峡，此时黑海将与地中海分离。里海和黑海应该被视作湖泊，而不是海洋或者大西洋的海湾。它们和其他湖泊有着相似的地方，即容纳众多河流之水但只进不出，就像死海以及非洲的几个湖泊一样。此外，里海和黑海中的水不像地中海或者大西洋的盐度高。旅行家们都表示，因为这两片水域深度不够且遍布暗礁与浅滩，航行变得很是困难，只有小型船只才能通过。这更加证明了，里海和黑海不能被视作大西洋的海湾，而是几条大河在内陆地区汇合而成的湖泊。

---

① 1 英尺合 0.304 8 米。——编者注

描绘苏伊士运河 1869 年 11 月 17 日竣工开通时情景的彩色版画

  埃及的历代统治者都有过切断连接非洲与亚洲的地峡的计划，伊斯兰国家的统治者们也未曾放弃这一宏愿，但果真如他们所愿，大西洋可能大举入侵陆地。人们声称地中海和红海之间有互相连通的沟渠，我不知道是否属实。[①] 红海相当于印度洋深入大陆之间的一个狭长的臂弯，靠近埃及的一侧没有任何河流流向红海，另一侧大陆上也只有少量河水注入，所以红海不会像其他海洋或者湖泊那样，从奔涌而至的河流中同时获取泥土和水流，导致自身渐渐被填埋，流域慢慢变小。红海的水源全部来自印度洋，潮汐运动在此非常明显，大洋的一举一动都牵连着红海。不过地中海的地势比大西洋要低，因为海水经过直布罗陀海峡到达地中海时流速很快。此外，尼罗河平行于红海西海岸，

---

① 此段讨论的问题是在苏伊士运河建成之前红海与地中海之间到底是否有天然的连接通道。作者倾向于否定的答案，也就是两者是完全被隔断的。——译者注

纵穿整个埃及而最终流入地中海中，而埃及所处地势本身就非常低。所以，红海的地势极有可能比地中海高，如果我们切断苏伊士地峡，去除红海与地中海之间的屏障，将引发一场大洪水，导致地中海水面明显升高。唯一的解决办法是每隔一段距离就筑起一些堤坝与闸口，然而如果红海与地中海间真的存在互通的沟渠，人们应该早就这么做了。

我们不想在一些猜测上花费过多时间，这些猜测即使有理有据，也带有很大的偶然性。况且，对于那些只有根据眼前发生的事件才能判断事件的可能性的人来说，我们只需举出最近的实例和事实即可说明海水与陆地之间的变迁。

在威尼斯，亚得里亚海的海底高度在逐日上升。如果人们没有那么勤于清理河道的话，那里的环礁湖以及威尼斯城恐怕早就与陆地连为一体了。大多数的港口、小港湾和所有的河流入海口都是如此。在荷兰，多处海底也在升高，因为须德海的小海湾和泰瑟尔岛周围的海峡现在都已无法承载过去可以畅行的大船。在几乎所有河流的入海口都会出现小岛、沙砾以及水流运来堆积到一起的泥土。毫无疑问，大江大河的水通过各个入海口注入大海中，在海洋中淤积沙石。莱茵河被它自身堆积的沙地堵死，多瑙河、尼罗河以及其他所有携带大量泥土的大河与大海相连的河道不再是唯一的一条，而是由河流搬运来的沙子和淤泥分隔出的几条，因此这些河流有多个入海口。我们每天都排干沼泽中的水，在大海遗弃的土地上耕种，在被海水淹没的土地上方航行。事实上，在我们眼皮子底下，每天都上演着大规模的海陆变迁。从过去到现在，从现在到未来，这样的变迁始终都在发生。就这样，时光荏苒，海湾变成了陆地，地峡变成了海峡，湿地终有一日会变成干涸的土地，山峰也会变成海洋中的暗礁。

水于是覆盖了陆地，并且还将逐渐覆盖所有的陆地，到那时海底生物以及只有在海水作用下才能形成的内部结构就会随处可见，再也不值得人们大惊小怪。我们已经讨论过地球的各个平行地层是如何形成的，但对岩石、矿山以及黏土中垂直的裂缝还只字未提，然而这些裂缝与平行的地层一样常见，广泛分布于各种构成地表的物质当中。相对于平行的地层而言，垂直裂缝的间距要更加宽。而且地质结构越是松软，两条裂缝之间的距离就越大；在大理石或者硬石矿床层中发现的垂直裂缝通常相隔不过数法尺。如果岩石层面积很大，其中的裂缝一般相隔好几法寻，有时从顶端开裂一直蔓延到底部，往往终结于岩石下方的另一层。在石灰质材料，例如白垩、泥灰岩、宝石、大理石中，裂缝总是与水平方向垂直；晶体质材料、砂岩矿及砾石堆内的裂缝，更为歪斜无序，且被各种晶粒和小块矿物质填塞；大理石和石灰石的裂缝内则充满晶石、石膏、沙砾和沙土，其中沙土内含大量石灰，是很好的建筑材料；黏土、白垩、泥灰岩及除凝灰岩之外的其他各类地质成分中的垂直裂缝，要么是中空的，要么内含一些水所带来的沉积物。

　　在我看来，要找到这些垂直裂缝的成因并不困难。由于一切物质都是随水而来、因水沉降，人们很自然就会想到它们最初浸泡在水中并且含有大量水分，在水离去之后渐渐变硬变干，体积随即缩小，就会在多处出现龟裂。而裂缝沿垂直方向延伸的原因是，在这一方向上上层矿床对下层的压力会使地层被压紧，而在水平方向上，这一压力无法和矿床内部龟裂的力相抵消，所以因体积减小而发生的床体龟裂只可能在垂直方向上产生显著效果。我认为这些垂直裂缝仅因物质水分流失、体积减小而生成，并不是其中含有的水分为寻找出口而留下的痕迹。我注意到，裂缝两侧的内壁互相对应，就像刚刚被人劈开的两块木板。裂缝内部粗糙不平，不像是经受过水的冲刷，否则久而久之，水会使其内壁变得光滑。所以这些裂缝要么是突然之间，要么是一点一点因水分流失而形成的，树木就是这样因大量水分通过孔隙蒸发而产生缝隙的。我建议大家参考我们有关矿物的学说：石块及其他物质中依然存留一些最初的水，导致晶体、矿物质及多种其他物质的生成。

喀斯特地貌示意图。在这种地貌的形成过程中，水发挥了重要的作用

　　垂直裂缝的开口大小不一，有些不过半法寸[1]、一法寸，有些达到一法尺、两法尺，还有的甚至有好几法寻宽，那就是常常让人们在阿尔卑斯山以及其他所有高山上止步的深渊。看上去，开口小的裂缝单纯由于水分的流失而形成，而裂缝若要开到好几法寻，就不止这么简单了，还因为承载着岩石或上层土壤的基底在裂缝的某一侧比另一侧下陷更严重——两侧基底下陷出现一到两法分[2]的差距，就可以在岩石

---

① 法寸，法国旧长度单位，1法寸约合27.07毫米。——译者注

② 法分，法国旧长度单位，1法分为1法寸的1/12，约合2.25毫米。——译者注

或土壤表层产生几法寸甚至几法寻宽的相当深的裂缝。有时候岩石层会在底部的黏土或者沙砾上发生滑动，这种情况下的垂直裂缝的开裂程度会加剧。我还没说到岩石以及山脉中的巨型开口、鸿沟，这些都是因为剧烈的塌陷而形成，比如地质层中的内部洞穴因其内壁再也无法承受上方的重量而坍塌，在上方的土壤结构中留下一道鸿沟。这些鸿沟与垂直裂缝不一样，它们好像是由自然之手打开的门户，以便不同文明间的交流。山脉中的隘口以及海洋中的峡道就是这样形成的，就像温泉关、高加索山脉和科迪勒拉山系的各个隘口、直布罗陀海峡的峡道、土耳其的达达尼尔海峡等。这些大的开口不像我们前面所说的裂缝，仅因两块陆地的分离而形成，而是由于部分陆地下沉，引起了塌陷与倾覆。

地表大规模的塌陷极大地改变了地球的面貌，但无论从意外还是间接原因的角度来看，这都不能在地球历史大事记中占据首要地位。地球面貌的改变，大部分是由其内部的火焰造成。每当地下的火焰爆燃，地震和火山喷发便会随之发生。没有什么能够与这些在地球核心燃烧着的物质相提并论——正是它们摇晃着大地、吞没了城市。我们不应该认为这些火来自一个中心火球，就像某些作家描写的那样；也不能相信一般大众的观点，以为这些火来自一道深渊。因为点燃火并且维持其燃烧的最基本条件就是有空气。通过观察火山爆发最激烈时喷出的物质，可以证实熔浆并非来自深渊，它与构成火山山顶的物质类似，只是由于燃烧且掺杂了熔化的金属而变得面目全非。要想进一步证实这一结论，只需考虑到火山的高度以及将石块和矿物质推到半法里高所需的强大力量。埃特纳火山[1]、海克拉火山[2]以及其他好几座火山至少都比平原地区高出半法里。而且我们知道，火的威力作用于四面八方，能将大石块推至火山上方半法里高处的强大力量不可能对火山下方及

① 位于意大利西西里岛东岸的一座活火山，海拔3 200多米。——译者注
② 位于冰岛西南部的一座活火山，海拔1 491米。——译者注

其他各个方向毫无影响。由于组成火山的物质没有其爆发时喷出的物质硬实，这样的作用力用不了多久就能穿透并摧毁整座火山，更不用说将熔浆运送至火山口的导管或者说"炮筒"如何经受住如此剧烈的震动。而且，如果这类洞穴位于火山底部深处，加上火山口并不是特别大，喷出的物质不可能是滚烫的流质，因为熔浆在上升过程中彼此之间、与导管内壁会发生碰撞，而且经历了如此漫长的路途之后，会发生冷却和硬化。随着石头和矿物的进出，我们经常能看到大量熔化的沥青和硫化物从火山内部流出，自山顶流到平原。这些物质并不坚固，而且喷发时不能引起激烈的活动，说它们来自火山深处能解释得通吗？一切相关的观察研究都表明，火山喷发出的熔浆来源距离山顶并不远，但也不会与平原处于同一高度。

这一切并不妨碍火山的爆发在平原地区引起动荡和地震，有时还会波及很远的地方。火焰和烟雾也完全可以通过一些地下通道在火山之间扩散，在这种情况下，相连的火山几乎会在同一时间喷发。但是我们讨论的是火焰中心的位置，它只可能在离火山口不远的地方。因为要在平原地区引起地震，这一火焰中心并不需要处于平原下方，也不需要充满熔浆的内部管道，而一次像火山爆发这样的剧烈运动，就如同火药店爆炸一样，足以产生猛烈的震荡并由此引发地震。

我不想据此断言，地下火焰不会随即引起地震，虽然确有一些地震的诱因仅仅是火山爆发。有一个事实可以证明我的以上观点，那就是火山在平原地区十分罕见，全部位于最高的山脉之中，而且火山口都在峰顶附近。如果火山内部燃烧的火焰位于平原以下，为什么在火山爆发的时候，没有冲破平原地区的土层，打开一条通道？如果说地底的火焰将半法里的高山冲破、撕开只是为了寻找一个出口的话，那么，它们一开始为什么不直接凿穿比高山阻力更小的平原或者山脚喷涌而出？

绘制于1788年的一幅插图，描绘的是印度尼西亚特尔纳特岛上的伽马拉马火山喷发

火山总是出现在山区中，是因为矿物、黄铁矿、硫化物都大量存储在山中，而不是平原；并且地势高的地方更容易受大量雨水和空气的影响。这些矿物质在水和空气的作用下慢慢发酵，不断升温，最后燃烧起来。

最后，我们经常观察到，火山激烈爆发之时会喷出大量物质，山峰的高度也因此下降，下降的高度与喷发物数量相当。这是另一个证据，证明火山喷发物来自距离山峰不远处或甚至来自山峰本身，而不是来自山底深处。

地震在一些地区导致了一定的沉降，也造成了一些山脉的大断裂。除此之外，其他的断裂是山脉成形时就出现的，出现原因是海水洋流的运动。在没有发生过地震的地方，我们可以发现水平状的岩层，并且山脉间的棱角相互对应。火山爆发还会形成洞穴和地坑，它们与流水作用下产生的洞穴、地坑相比有明显区别。流水带走沙粒及其他分散的物质，只留下一些含有沙砾的岩石，从而生成高山上的洞穴。而位于平原上的洞穴，不过是些古老的采石场、盐矿或者其他矿坑。荷兰马斯特里赫特的采石场以及波兰的矿山就属此类，位于平原之上。不过自然状态下形成的洞穴还是位于高山之中，如蓄水池一般接受从山顶以及附近地带流淌下的水，当水找到出口后再向地表流去。水量充沛的山泉和一些大的水源都来自这些洞穴。一旦洞穴发生塌陷、被填没，往往都会引发一场洪水。

根据上述现象，我们可以看到地下的火焰是怎样改变地球的表面和内部构造的：这一因素足够强大，产生的效果才如此剧烈。但是人们不相信风也能明显改变大地面貌。大海似乎才是风的王国：除了涨潮和落潮之外没有什么能比风更激烈地晃动海水了。而即使涨潮落潮也是有规律的，它们步调统一，可为人们所预测，但狂躁的风可以说是肆意妄为的。狂风不断加速，剧烈地搅动着海水，片刻间，这片安静的海之平原上便掀起如同座座高山般的惊涛骇浪，拍打到岩石、海岸上，直至粉身碎骨。就这样，风不断改变着大海易变的面貌。大地看起来是很坚固的，不是应该免遭大海那样的命运吗？然而，我们知道，在阿拉伯半岛和非洲，风会吹起如同山一般高的沙丘覆盖在平原上，并且常常将它们搬运到几法里以外的地方，一直来到海边，大量堆积到一起，形成海滩、沙坡和小岛。飓风给安的列斯群岛、马达加斯加和其他很多个地区都带来灾难。狂风肆虐，将树木和植被连根拔起，把动物吹上天空；暴风雨让河流涨潮和干涸，创造出新的河流，掀翻山脉和峭壁，在土地上挖出一个个窟窿和深坑，完全改变了这些不幸遭遇暴风雨的地区的地貌。幸运的是，只有在极少数的气候条件下才会形成如此强烈的大气震动。

但是，地球表面大规模、整体性的变化都是由来自天空、江河和湍流中的水造成的。这些水的最初来源是太阳照射海面产生的水蒸气，后来水蒸气被风搬运到地球的各气候带中，被风吹到山顶，大量凝聚形成了云，然后不断以雨、露、雾和雪的形态落回到地面。这些水首先降落到平原上，没有固定的流动路线；慢慢地，水沿着天然的斜坡流到山中地势最低的地方，流到最易渗入和最易分崩离析的土地上。河水携带着泥土和沙子，在平原上急速流动，形成一条条深沟，就这样沿着自己开辟的道路，一路汇入大海。在与大陆的交汇处，大海接收了大量的水，这些水又通过蒸发作用流失。河水侵蚀出的沟沟渠渠曲折蜿蜒，彼此之间轮廓角度相互对应。而两侧的山脉和山丘，我们应该把它们看作是将山谷分隔开来的边缘，同样有着曲折又相互对应的外形。这似乎证明了山谷也是由流向大海的水流慢慢侵蚀成的，就像河流在土地上挖出自己的河道一样。

水循环示意图。除了调节地球表面各个圈层的能量，形成各种气候之外，水循环过程还给地质变化提供了重要动力

大地表面流动的水维持着土壤的肥沃和植物的繁盛。但这或许只是水蒸气形成的水中最少的一部分。在地下有很多水脉，水会一直渗

入到地球深处。一些地方到处都是水源，随便一挖就是一口井；在另一些地方，却一滴水也找不到。几乎在所有的小山谷和低矮平原上都可以在一般的深度上找到水源；相反，在高地和高原上，人们怎么都挖不出水源，只能收集天上落下的水。在一些幅员辽阔的国家里，一口井也打不出来，所有人畜用水都来自池沼和蓄水池。在东方，尤其是阿拉伯半岛、埃及、波斯等地，水井和淡水水源非常少见，当地居民不得不建造巨大的水库来贮存雨水和雪水。这些为满足公共需求应运而生的工程或许是东方最美丽、最蔚为壮观的建筑了。有些水库甚至长达两法里，四周引出很多条大大小小的排水渠道，承担着整整一个省的饮用和灌溉用水。而在其他的地区，比如大河流过的平原上，随处稍微深挖一下便必定会发现水源；如果在河流附近的地区安营扎寨，一般在任何一个地方下挖几锹就能挖出一口井。

低地随处可见的水中，至少绝大部分来自高地和附近的山丘。当下雨或者冰雪融化时，这些水的一部分在地球表面流淌着，其他部分则通过大地和岩石的缝隙渗入内部，然后在遇到出口时涌出地面成为泉水，或者通过沙子渗入地下，或者在遇到黏土或者坚实土地的时候形成湖泊、溪流或地下河。地下河的路径和河口不为人们所知，但依据自然法则，它也必定是从高处流向低处。因此，地下水应该也会汇入海中，或者在地球表面或内部某个地势较低的地方汇聚起来。我们知道，地球上有几个湖泊，河水只进不出，还有更多的湖泊甚至没有河水注入，却是世界上最大的河流的源头。圣劳伦斯河沿岸的湖泊就是这样；滋养了阿萨姆王国和勃固王朝的两条大河的水源地可能也是大湖；美洲的阿西尼博因山区的湖、俄罗斯内陆的湖泊都是河流的源头；额尔齐斯河的发源地可能也是湖泊。还有数不尽的湖泊，俨然一座座水库，将自然界中分布于地球表面四面八方的水吸纳其中。这类湖泊中的水只能来自位于高处的水源，透过地面的细石和沙砾渗入地下水道中，最终汇集到这些湖泊所在的地势低的地方。此外，我们不应相信一些人所说的最高的山峰上存在湖泊的事情，因为人们发现有湖泊存在的阿尔卑斯山和其他高地其实是被更高的地势所包围，它们甚至只是更高山脉的山脚。这些湖泊里的水都源自外面的河流，或是这些山峰的内部。同理，山谷和平原上水流的源头位于周围的山丘或者更远处地势更高的地方。

　　在地球内部，尤其是平原和大的山谷之下应该分布着很多湖泊以及宽广的水域，事实也正是如此。山脉、山丘等高地四周裸露在外，且都有一个或垂直或倾斜的斜剖面，落在山顶和高原上的水在渗入土壤之后，必须在这一斜面上找到一个出口，以水源以及泉水的形式从不同的地方流出来，所以山中蕴藏的水很少或者几乎没有。然而，在

基歇尔著作中的插图，描绘的是一个从水井中提水的手动抽水机

平原地区，水在渗入土壤之后找不到其他出口，土壤空隙中因此储藏着大量地下水，还有大量水分或者通过黏土和硬质土壤的缝隙渗出，或者散布于细石和沙砾之中。人们在低地中发现的水就是这样聚集起来的。一般来说，水井的底部只不过是一个从周围土壤中渗出的水聚集而成的小水塘，这些水先是一滴一滴地落下，当远处的水也向这一方向流动时，便形成一股股持续的涓流。所以，尽管在地势较低的平原地区地下水随处可见，但人们能挖掘出的水井数量却有限，

这一数量与分散各处的水的总量成比例，或者说与这些水源所在的平原面积有关。

　　在大部分的平原地区，想要取水不需要挖凿至河床的深度，一般在土壤浅层就能找到水。也没有迹象表明，江河中的水能通过土壤的渗透作用蔓延到很深的地方，土地深层的水并非全部来自其上方的江河。对于激流、已经干涸的以及被人为改道的河流，人们在河床里挖出的水也并不比周围土地里找到的多。一层五至六法尺厚的土壤就足以涵养水源，阻止其流失。我常常看到，距离溪流和水塘边缘六法寸远的地方，已经没有那么潮湿了。水分渗透漫延的区域面积应该多多少少与土地的吸水能力有关，不过如果人们仔细观察一下土壤甚至沙地里的溪涧就会发现，水就在它自己开凿出的小块区域内流淌，水流两侧的沙地只在距岸边几法寸的地方是潮湿的；甚至在生长着植物的土壤中，在植物的毛细管的促进下，渗透作用理应比其他类型的土壤更为明显，但也没有发现水分会渗入到地下多么深的地方。在一个得到充分灌溉的花园之中，人们即便让一畦田地淹没在水中，其他邻近的田地也不会受到明显的牵连。通过观察花园里大量八至十法寸深的土壤，我注意到，这些土壤多年没被翻动过，其上方基本上与水平面齐平，雨水最多只能渗入其中三至四法寸深的地方。在经历了一个多雨的冬天之后，这些土壤在第二年春天被翻开，内部和刚堆积起来的时候一样干燥。我在用了将近二百年的时间聚集成的土壤中也发现了同样的现象：在三至四法寸以下的地方，土壤和尘埃一样干燥。所以，仅靠渗透的力量，水分无法像人们想象的那样彼此连通或者扩散至地下深处，渗透的水只是所有地下水中最小的那一部分。大部分水都是通过自身重力的作用从地表向下扩散到地下深处，通过一些自然形成的或者水流自身开辟的渠道，渐渐往下流。水顺着树的根茎、岩石的缝隙和土壤的孔隙流淌，分成无数细小的支流，向四面八方源源不断地扩散，一直下到深处，直到遇见黏土或者其他硬质土壤，找到一个出口，然后聚集在其上。

地下没有明显出口的水量到底有多少，人们很难做出合理的估算。许多人断言地下水的储量要远远超过地表水，甚至还有人声称地球内部全部都充满了水，有人相信地下深处有数不尽的河流、小溪和湖泊。虽然这样的观点信众很多，但在我看来并无依据：如果真的存在如此之多的地下河，为什么我们没有在地面上看到地下河的出口以及随之形成的充沛水源呢？另外，河水和其他形式的流水都大大改变了地貌：流水搬动泥土，侵蚀峭壁，清除了路上的一切障碍物。同样，地下水也应该会对地球内部造成明显的改变，但除了在极少数可以看到一些稍大的地下水脉的地方，我们并未观察到这种变化。水平方向的平行地层经受了时间的考验，各类物质依然处于它们最初的位置，人们只在极少数地区发现了比较大的地下水脉。所以水并没有在地球内部引起大动作，只是在小范围内精雕细琢着。水被分成无数的细流，被大量的障碍物阻隔，最终扩散至四面八方，参与几种地质材料的形成过程。人们应该细心地将因水形成的材料与原始材料区分开来，实际上两者的外形和结构完全不同。

浩瀚海洋中汇聚的水通过不断的涨潮和退潮运动，在地球上形成了高山、山谷和其他崎岖地势。水流的侵蚀形成了方位对应的山谷和山丘，同时水流也搬运土壤，将其一层层堆放在水平的河床上。天空中的水则慢慢破坏着大海的作品，不断地削减着高山，填补着山谷、河口和海湾，把一切归于齐平，最终将土地归于大海。而大海则继续慢慢夺取领地，留下新的山谷与山岭相间的陆地。最终，地球终于变成了今日的样子。

第二节

《自然的纪元》引言

为了研究人类历史，人们翻阅古籍，寻找铭章，辨认古老的碑文，以此来确定人类进化的各个阶段，考证思想大事件的具体日期。同样，对于大自然的演变，也需要翻寻世界各处的档案，在地球深处寻找地质遗迹，采集碎片，将地球物理变化的所有蛛丝马迹集为一体，以便追溯大自然的不同阶段。唯有如此，我们才能在无边无际的空间内找到几个标记点，在永恒的时间之路上安置一些里程碑。逝去的时光就如同远方，如果历史和编年学没有在最黑暗的地方安放火种和引航灯，我们的生命就会在那里消耗甚至迷失。我们虽然拥有用文字记录历史的优良传统，但在追溯几个世纪之前的事情时，又遇到了多少的不确定性！又有多少起因被误解！文字记录出现之前的时代，又陷在一团怎样的黑暗之中！此外，文字记录下的仅仅是几个国家的故事，也就是极小一部分人类的行为。其他所有人在我们看来都是乌有的，对后世也毫无价值可言；他们从虚无中诞生，像影子一样划过，没有留下任何痕迹。但愿那些因为罪恶或者残暴而为人所知的所谓英雄的名字，也能被湮没在遗忘的黑暗中。

人类文明史一方面在距今不远的时代就止足于一片黑暗，另一方面又局限于将记忆代代相传的人类所居住的小片土地。而博物学则涵盖了所有的空间和时间，它唯一的界限就是宇宙。

自然指的是当下的物质、空间和时间，博物学探索的是所有的物质、空间和时间的演化过程。尽管一眼望去，自然的伟大作品没有任何变化和改动，但如果仔细观察，人们会发现，自然的路径不是绝对统一的，也存在着明显的差异和连续的改变；甚至一直有新的组合、物质和外形的突变在发生。总之，尽管整体看上去很稳定，但自然的每个构成部分都处在变化之中。从整体来看，我们不得不怀疑自然今天的面貌与其最初和未来的面貌大相径庭。我们将这些多样的变化称为自然的阶段。自然有着多种不同的状态。大地表面不断变换着形态，天空也在变化。有形宇宙中的一切就像人们的心理世界一样，处于连续的变化之中。比如，今天我们眼中的自然的模样，是我们和自然共同的作品——我们将其改善和调节，让它适应我们的需求和欲望；我们开垦和耕耘了土地，使它更加肥沃。因此，大地今天的面貌远不同于各类工艺出现之前的年代。伦理学（或者不如说寓言）的黄金年代仅仅是物质或者真理的铁器时代。当时的人类处于半野蛮状态，分散而稀少，感受不到自身的强大，不知道自己真正的价值所在；人类智慧的光辉被遮蔽，他们看不到集体的力量，不知道只要一以贯之、群策群力地劳作，最终就能让自己的思想改变整个宇宙的面貌。

英国天文学家威廉·赫歇尔（William Herschel）从1774年开始使用自制望远镜进行巡天观测，发现了天王星（1781年），积累了大量的观测数据，并在此基础上提出了银河系的结构模型。这个模型中的银河系扁而平，轮廓参差，太阳居于银河系的中心。本图出自赫歇尔于1784年发表在英国伦敦《皇家学会哲学学报》（*Philosophical Transactions of the Royal Society*）上的论文

我们应该去最新被发现的、无人居住过的地方探索自然，这样才能了解它的早期状态。与陆地尚是汪洋、鱼儿还居住在平原、山脉仍是海中暗礁的时候相比，这种早期的状态已经很现代了。从这些古老的时代（但还不是最原始的）一直到历史的开端，地球上先后发生过多少变化，有过多少种不同的状态啊！多少事物被深深掩埋！多少事件完全不被人所知！人类记忆开始之前又发生过多少演变！仅仅为了认识事物的现状，一代代人前仆后继地研究，用了 30 个世纪的时间才有所领悟。地球上还有很多不为人知的地方，直到最近我们才认清它的面貌。现在，我们提出了有关地球内部结构的理论，证明了其组成物质的排序和布局。我们开始将自然与其自身对比，通过现在已知的状况来探寻它的早期状态。

这是穿透时间的迷雾，通过审视现有事物来察看已化为乌有的事物的过程，是通过已知的符合历史事实的事件还原被掩埋的真相的过程。一言概之，这是在透过唯一的"现在"来评价近代的"过去"和更遥远的"过去"。为此，我们需要齐心协力，借助于三个最重要的途径：一、能使我们靠近自然根源的事实；二、能作为原始时期见证的古迹；三、能使我们预见下一时期的固有规律。然后，我们努力通过类比将一切连接起来，形成一条从时间阶梯的顶端延伸到我们自己的链条。

事实一
大地在赤道处高，在两极处低，其分布遵循重力和离心力的法则。

事实二
地球内部的热量只与其自身有关，与太阳光照射传递的热量无关。

事实三
太阳传递给地球的热量与地球自身的热量相比微不足道，不足以维持自然界生物的生存。

事实四

地球球体的大部分由玻璃质的物质构成，并且全部都能转化为玻璃。

事实五

人们在地球表面，甚至在 1 500 至 2 000 突阿斯 ① 的高山上发现了大量贝类及其他海洋生物的遗骸。

为了解决当时关于地球是西红柿形状的还是长茄子形状的争论，法兰西科学院于1735年和1736年派出两支远征队前往赤道和北极地区测量子午线的弧度。插图描绘的是1736年那支由数学家、物理学家皮埃尔·路易·德莫佩尔蒂（Pierre Louis Moreau de Maupertuis）领导的远征队在芬兰工作的情景

首先，我们来看这些我试图引用的事实是否会被人有效质疑，看

---

① 突阿斯，早期大地测量中使用的长度单位，1 突阿斯约合 1.95 米。——编者注

看它们是否得到证实或者至少可以被证实。之后，我们再来考虑从中可以归纳出什么。

事实一所述的"大地在赤道处高，在两极处低"通过物理学上的万有引力定律以及摆钟实验得到了精确的认证。地球的外形就如同一个以一定速度自转的液体球。从这一不容置疑的事实中得出的第一个结论是，组成地球的物质在地球成形之时处于液体状态，也是从那时候起地球开始自转。

如果地球当时不是液体，而是像今天我们看到的这般坚实，那么它坚固的构成物不可能遵守离心力的原理。这种情况下，即使高速旋转，地球也不会成为一个赤道高两极低的类球体，而是会成为一个完美的球形，并且除此之外不会有其他的形状，因为它的组成部分之间会产生相互的引力。

一切液体形成的原因都与热量有关，因为即使是水失去热量的话也会变成固体。尽管如此，我们对于地球最初液体状态的形成仍有两种不同猜想。看起来，自然最初有两种方式来形成这种液体形态。第一种方式是将陆上的物质溶解甚至搅成浆状物，第二种方式是通过火将它们熔化。不过我们发现，组成地球的固体物质绝大部分都不溶于水。而且我们看到，与固体的总量相比，水的总量太少，这两者永远不可能混合成浆。因此，整个地球所处的液体环境，既不可能是溶解作用造成，也不可能是由水调拌成浆，只有可能是在火的作用下熔化而成。

这个看起来很能站住脚的结论通过事实二得到进一步验证，再结合事实三变得确定无疑。地球内部现在尚存的热量远大于太阳传递来的热量，这表明地球曾经历过的那场大火并未完全熄灭。有一些确凿的、反复被提及的事例向我们证实，地球自身有热量，与太阳无关。这种热量通过地球冬夏的对比体现出来。而如果深入到地球内部，我们可以通过另一个更加明显的方法确认这一点：地球内部同一深度的热量都是恒定的，越靠近地球中心，热量越高。想要知道地球深处随深度渐进、不断变化的热量值，是一项多么浩大的工程！我们曾经在山上挖掘几百法寻来寻找金属，在平原上挖出几百法尺的深井；这些堪称人类最大最深的挖掘工程，仅仅触碰到地壳第一层，内里的温度却已经明显高过地球表面。因此，我们可以假定，越是深入地层，热量就会越高，靠近地心的部分比远离地心的部分更热。正如一个烧红的铁球，即使表面失去光热很久之后，靠近中心的部位还可以保持炽热。地球内部的火或者说热量可以通过电力效应得到证实，它将这种看不见的热量转化成了明亮的闪电；还可以通过海水的温度表现出来，因为海洋与陆地内部的同一深度处温度几乎相同。此外，我们可以轻易证实，海水整体上的液体状态与阳光没有关系；经验表明，阳光的光线最多只能穿透 600 法尺的清澈海水，因此它的热量可能连该厚度的四分之一处都无法到达，也就是 150 法尺深的地方。因此，如果没有来自地球内部的热量这唯一的热源，150 法尺以下的海水早就结冰了，无法保持液体状态。同样，经验表明，阳光的热量只能穿透 15 到 20 法尺的土地，因为这个高度以下的冰即使在最热的夏季也可以保持原样。因此，在海盆之下也如同第一层地层一样有着持续的热源，使水保持液态，使地球拥有温度。因此，地球本身就由内而外散发着热量，这种热量与太阳传递到地球的热量无关。

我们还可以通过大量事实来证明这一结论。每个人都能注意到，在寒冷的天气里，所有落在地球内部蒸气可以外溢的地方（比如井口、被堵塞的涵洞、地表隆起、蓄水池等）的雪都会融化；而其他地方的土地由于被冰冻实，大地内部的蒸气被拦截，雪便保留下来结成冰，不会融化。这便足以证明地下的挥发物有着真实可感的温度。这一点已被经验和观察的结果所证实，无须在此处再堆积新的证据。我们只需放下质疑，相信地下的热量是真实而普遍的客观存在，并像对待自然界的其他一般事实一样，在共性原理的基础上推导出一些个性的结论。

至于事实四，毋庸置疑，组成地球的物质是玻璃质的。矿物、植物和动物的本质，都是一种能变成玻璃的物质，因为它们产生的废物和死后的尸体残骸，都能转化成玻璃。化学家们称一些物质为"耐火物质"，认为它们不会被熔化，因为后者在他们的熔炉里没有变成玻璃。但这种物质在更剧烈的大火中还是会变成玻璃。因此，构成地球的所有物质（至少所有为我们所知的物质）的本质都是玻璃，并且最终我们可以利用大火将其还原到最初的形态。

创作于19世纪的插画，描绘的是美国黄石公园的大间歇喷泉（Grand Geyser）喷发时的场景。这一喷泉的喷发高度可达61米

因此，我们已经用最严密的逻辑证明了地球最初因火而液化这件事：首先，根据先验的事实一，地球赤道高而两极低；其次，事实二和事实三证明地球内部仍然存在热量；然后，事实四向我们展示了烈火灼烧的产物，证明所有地球构成物都是由玻璃而来。

但是，尽管地球的构成物最初都是玻璃，并且都能够通过火的灼烧回归到初始状态，我们仍然要根据它们回归玻璃前的不同状态将其区分开来。这一考虑在此处更加有必要，因为唯有如此我们才能了解这些物质的构成有何不同。因此，我们应当首先把它们分为可玻璃化物质与可煅烧物质两种：前者不会受到火的影响，除非火的温度足够高，将其转化为玻璃；后者稍一加热就会成为石灰。尽管地球上石灰质（可煅烧）物质的数量非常可观，但与可玻璃化物质相比便不值一提了。我们之前提到的事实五证明这些物质形成于不同的时间和环境，但显而易见的是，所有最初不是在火的作用下直接生成的物质，都是在水的作用下形成的，因为这些物质都是由贝类或者其他海洋生物的遗骸构成的。我们将初生裸岩、石英、沙砾、砂岩、花岗岩、板岩、页岩、黏土、金属和金属质矿物质都归入可玻璃化物质一栏：这些物质共同构成了地球真正的基层，并且成为其主要组成部分。它们最初都是在火的作用下产生的。沙砾不过是粉末状的玻璃；黏土是水中腐败的沙砾；板岩与页岩是干燥硬化的黏土；初生裸岩、砂岩、花岗岩是以一种具体的形态存在的一堆玻璃状的物质，或者是可转化为玻璃的沙砾；碎石、水晶、金属和大部分其他矿物是由这些初级材料滴漏、渗透或者升华而成的。这些物质随时都能转化成玻璃，向我们显露出它们的最初来源和共同特征。

不过石灰石、白垩、大理石、方解石、透光或者不透光的钙质晶石等这些可以转化为石灰的材料，尽管和其他物质一样由玻璃生成，首先表现出的却不是它们最初的特征。这些石灰质的物质经过一系列的变化，性质发生了改变——它们是在水中，完全由石珊瑚、贝类以及这些海洋生物的尸体残骸组成的。在这些海生生物的作用下，液体转化成了固体，海水变成了石头。普通的大理石和其他石灰石的组成成分都清晰可辨，都是由完整的贝壳和贝壳碎片、石珊瑚、星彩石等构成的。砾石不过是大理石和其他石灰石的碎屑，由于空气和结冰的作用而脱离岩石。我们可以利用这种砾石制作石灰，方法和用大理石或石料制作石灰一样。我们同样可以用贝壳本身，以及白垩和凝灰岩的碎屑或残渣得到石灰。方解石和含有方解石的大理石（此时要把这种大理石看作与方解石类似的物质）可以被认为是由其他大理石和普通石头构成的大型钟乳石。石灰晶石同样也由石灰质渗出或滴下而形成，形成的过程如同那些可玻璃化物质形成水晶的过程。通过观察这些物质，仔细检验自然的地质遗迹，可以证明这一点。

地质遗迹一

人们在地球表面及其内部发现了贝类和其他海洋生物的化石。所有石灰质的物质，都由这些生物的残骸组成。

地质遗迹二

通过观察这些在法国、英国、德国和欧洲其他地方的土层中发现的贝类及其他海洋生物化石，我们发现这些生物绝大部分并不生活在化石所在地相邻的海域。这些物种要么已经绝种，要么只见于南方的海域。同样，我们在大地深处的板岩和其他物质中找到了一些鱼类和植物的化石标本，而它们无一生存在我们的气候区中，有些已经绝迹，有些只生活在南方气候中。

地质遗迹三

在西伯利亚以及欧洲、亚洲的北部地区，人们发现了大象、河马以及犀牛的骨架、牙齿和骸骨，数量之多足以证明这些如今只能生活在南方的动物曾在北方生活和繁衍。我们发现，这些大象和其他动物的残骸位于地表浅层，而贝壳和其他海洋生物则被掩埋在更深的地方。

地质遗迹四

除了在我们（欧洲）大陆北方，人们在美洲的北部也发现了大象的象牙和骸骨以及河马的牙齿，尽管这些物种从未在新世界大陆生活过。

布丰是最早提出可以利用地层特点和地层中的化石划分地质年代的学者。这是印刷于 1880 年的地质学和古生物学挂图

068

地质遗迹五

在大陆中部、离海洋最远的地方，人们发现了数不清的贝壳，其中大部分都属于今天生长在南部海域的贝类，有一些已经因为未知的原因而灭绝消失了。

将上述这些地质遗迹和接近自然根源的事实进行比较，我们首先可以看到，可玻璃化物质的形成时间早于石灰质物质；并且如果追溯到时间最深处，我们似乎已经可以区分出四个甚至五个自然的纪元。第一纪元，地球的构成物被火融化，大地成形，在旋转过程中赤道部分升起，两极下降；第二纪元，地球构成物变得坚固，形成大块的可玻璃化物质；第三纪元，大海覆盖着如今人类居住的土地，孕育出贝类生物，后者的遗骸则形成了石灰质物质；第四纪元，覆盖着我们大陆的海水撤离；第五纪元，正如上面四个纪元一样明确，是大象、河马和其他如今的南方动物居住在北方土地上的时候。这一时期明显晚于第四个，因为这些陆地动物的残骸几乎就保留在地表，而其他海洋生物的标本大都处在同一地点的更深的地下。

什么！难道大象以及其他大陆南端的动物曾经在北边生活过？这件事情虽然看上去十分离奇，却是不容置疑的事实。在西伯利亚、俄罗斯、欧洲及亚洲北部的其他地区，人们至今每天都能发现大量象牙。这些象牙或是被从地下几法尺处挖出来，或是因为河岸的土被水冲刷而逐渐暴露出来。它们分布范围之广、数量之多使得人们无法满足于这些大象遗体都是由人类带到寒带来的说法。如今，不断出现的证据让人们不得不承认，这些动物确实曾经生活在北方，就像它们现在定居在南方一样。更加扑朔迷离的是，这些本该生活在我们大陆南部的动物的残骸，不仅被发现于我们大陆的北部，还在加拿大和其他美洲北部地区有所分布。我们的陈列馆有分别发现于西伯利亚和法国的大量象牙和象骨，以及发现于美洲俄亥俄河附近的象牙和河马牙齿。种种迹象表明，这些只能而且如今确实生活在热带地区的动物，过去曾在北方生活过。因此，现在的寒带曾经拥有和现在的热带一样的高温，因为这些动物的身体构造不可能发生突变（这是自然中最稳固的特质），大象不可能拥有驯鹿的体质。如果当时北方的温度和现在一样低，这些南方的生物不可能在那里存活和繁衍。格梅林[1]先生曾经跨越西伯利亚地区，亲手捡拾了一些象骨，他试图解释这一现象。他猜测南方的土地上突然发起大水，将大象赶到北方来，然后大象由于难以忍受北方残酷的气候而集体死去。但这一假设与事实并不完全相符，因为人们在北方发现的象牙数目已经远远超过了印度现今所有大象的总数。而且随着时间推移，当北方现在充满未知的大片荒野被人类开辟并居住，土地被人类的双手大肆翻动，人们的发现只会增加不会减少。此外，迁移到不适合自身居住的环境中并不符合这些动物的天性，如果南方有洪水的话它们更应该会迁向东方和西方，何必一路北上来到北纬 60度的地方，而不是留在途中或者在旁边环境更适宜的土地上分散开来？我们怎么能相信，它们在我们的大陆上被洪水驱赶了 1 000 法里，而在新大陆上被驱赶了 3 000 法里？大印度洋[2]的一次泛滥不可能会将大象逼迫到加拿大甚至西伯利亚地区，为此而到达该地区的大象数目也不会有人们发现的骸骨所显示的那么多。

由于对这个解释非常不满，我想到了另一个更加可信的说法，并且这一说法与我的大地理论完全契合。不过，在介绍这个说法之前，我先要阐明我的观察结果，以避免带来争议：

一、人们在西伯利亚和加拿大发现的象牙绝对是大象的牙齿，而不是几个游客所称的海象或海牛牙齿；人们在北方发现的海象牙齿化

---

[1] 格梅林（Johann Georg Gmelin，1709—1755），德国博物学家、植物学家和地理学家，曾在西伯利亚探险。——译者注

[2] 大印度洋，旧称，指现在的太平洋。——译者注

石与象牙有所不同，通过内部构造可以轻易将二者区分开来。北方土地上发现的这些长牙、臼齿、肩胛骨、大腿骨和其他骨头都是象骨，我们将其与完整的大象骨架的各个部位分别比对过，可以确认这一点。同一地方还发现了大颗的方形牙齿，其咀嚼面呈三叶草形，符合河马臼齿的全部特征；而另一种咀嚼面顶端较钝的大型牙齿属于一个陆上现已灭绝的物种，正如海中一种被叫作"阿蒙神的角"①的大型螺旋壳动物现在也灭绝了。

二、这些大象的骨头和长牙粗细大小与现代的大象差不多。这说明这些动物不是被迫迁移到北方的，而是很自然地生活在北方，行动自如，因为它们发育正常，长到了最大尺寸。同样，我们也不能认为它们是被人类搬运过去的，因为撇开严峻气候的影响不考虑，仅仅是处于被囚禁状态下，它们体积便会缩减为我们看到的这些遗骸的三分之一或四分之一。

三、在无人问津、几乎荒芜的土地上发现的大量象骨足以证明，并非有几头大象在某一时间偶然地来到了北方的土地上，而是整个种群都曾经在这里生存繁衍，正如它们现在生活在南方地区一样。

至此，问题似乎在于寻求地球不同地区气候发生变化的原因，探索为何今天天寒地冻的北方一度有着南方那般的高温。

有一些物理学家认为这一现象产生的原因是黄赤交角的变化。因为这一变化表明地轴的倾斜度不是一成不变的，所以地球有可能曾经绕着一个角度与今天相差甚远的轴线自转，而那时，西伯利亚有可能就位于现在赤道的位置上。根据一些天文学家的观察，黄赤交角的变

---

① 菊石的旧称。——译者注

化大约为每世纪 45 角秒。因此，如果我们假设这种角度的变化是持续而稳定的，那么仅需 60 个世纪便能产生 45 角分的变化，仅需 3 600 个世纪便能产生 45 度的变化，将纬度 60 度的地方变成 15 度，也就是将大象曾经居住过的西伯利亚地区迁移到如今大象生活的印度。然而，这就意味着我们接下来只要证明一个如此漫长的时期的存在，证实在 36 万年前地球自转的轴线角度与如今相差 45 度，并且如今纬度 15 度的地方在过去是 60 度就可以了。

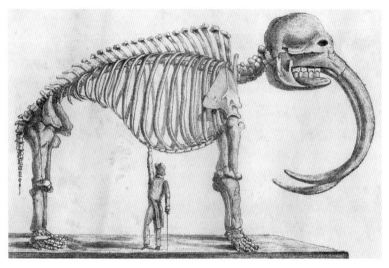

法国旅行家、艺术家德蒙蒂莱（Edouard de Montule）于 1816 年至 1817 年间在美国费城参观过乳齿象化石后绘制的插图

对此，我的回应是，这个想法和这种解释都无法经受住检验。黄赤交角的变化不是稳定而持续的，而是在一个有限的区间内变动，并且方向时常发生变化，因此绝不可能会产生 45 度的变化。地轴的倾斜是由其他行星的引力导致的，它们只会影响黄道面（即地球公转的轨道面），而不会影响赤道面。取其中引力最强的行星金星为例，它的自转与公转轨道夹角发生 180 度的变化需要 126 万年，这时它能导致地轴倾斜度发生 6 度 47 角分的变化，这个数据是金星本来倾斜度的 2 倍。

同样，木星需要用 93.6 万年才能导致地轴 2 度 38 角分的变化，并且这一变化还会被金星的引力抵消一部分。因此，地轴倾斜度的变化不可能会超过 6 度。除非我们假设各个行星的轨道独立地发生变化，不受外界的干扰。但这是一个我们无法也不应该接受的假设，因为没有任何原因会导致这一现象发生。并且，由于我们对过去的推断只能建立在对现在的观察和对未来的设想之上，因此，无论追溯到多久之前，我们也不能假设黄赤交角的变化可以达到 6 度以上。总而言之，这一理由并不充分，据其得出的解释方案也该被否决。

我能通过一个直接的原因来推断和解释这一切。地球在成形之际受到火的作用处于液体状态，然而，地球需要相当一段时间来从最初的大火翻腾、万物熔化过渡到一个适中的温度。地球不可能一下子就冷却到今天的温度。因此，在地球成形的初期，它自身内部的热量要远远大于太阳传递的热量，因为它在今天也比后者大许多。然后，大火一点点熄灭，热量逐渐减少，温度逐渐下降。北半球和其他地区一样经历了大火的燃烧，在此后相当长的一段时间内，都有着如今南半球一样的温度。所以，今天生活在南方的动物可以而且应该的确曾经在北半球生活过。

这一事实并不奇特，但却可以与其他事实完美地联系到一起，是水到渠成的结果。它不仅不与我们之前建立的大地理论相悖，反而成为其辅证，在最晦暗的时刻，即当我们落入时间的深渊，智慧的光辉几乎熄灭，由于缺乏对当时世界的观察而无法继续指引我们的时候，证明理论的正确性。

继其他五个纪元后的第六纪元，是两块大陆的分离期。可以肯定的是，当大象仍旧生活在美洲、欧洲、亚洲北部时，大陆还没有分离。

大陆的分离只可能是在后来完成的。由于人们在波兰、德国、法国、意大利也能找到象牙，我们从中得出如下结论：随着北方大地降温，这些动物迁往温带地区，这里更加强烈的阳光和更厚的土层都弥补了地球内部热量的流失；最后，当温带也变得太冷，它们又渐渐来到热带地区，这里的土层最厚，地热最持久，再加上太阳传递的热量，至今维持着足以使它们保持天性、生存繁衍的温度。

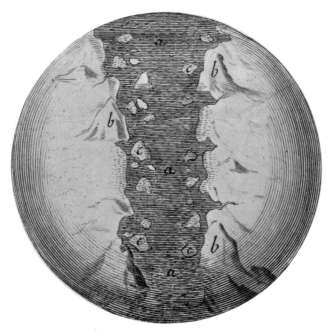

英国学者托马斯·伯内特(Thomas Burnet)于1684年出版的著作《地球神圣理论》(*The Sacred Theory of the Earth*) 中描绘的大陆分离和漂移。伯内特认为是大洪水使得大陆发生了分裂

同样，我们能在法国和欧洲其他地方找到只可能生活在最南方海域里的贝壳和其他海洋生物的骸骨。由此可见，海洋的气候也发生了类似陆地上的温度变化。这一现象可以通过与上面相同的原因来解释，同时也完善了整个论点。

如果将自然早期的遗迹和现在的产物进行对比，我们可以明显看出，每种动物的主要部位都保持了原本的结构，种类没有发生丝毫变化。无论经历多长时间和多少世代，每一类动物今天的外形都与最初的时候一致，这点在那些重要物种身上体现得更加明显，它们身上自然的印记更加稳固，习性也更加稳定。而那些更低等的物种身上则明显体现出了不同原因导致的变化。对于那些重要物种（比如大象和河马）需要提及的一点是，如果将它们与过去的残骸比较，总体而言，这些动物的体形相比过去变小了。当时的自然处于最初的活跃期，地球内部的热量赋予这些生物以最大限度的力量和体积。在这最初的时代，任何一种动物都是巨型的，侏儒和矮子都是后来地球冷却的产物。而那些灭绝的物种（也就是过去存在而现在已经消失的物种）之所以灭绝，就是因为它们生存所需的热量大于现在的热带所能提供的热量。比如上文提到的有着接近方形、边缘钝化的巨大臼齿的动物；比如上文提过的体形巨大的螺旋壳动物，其中的一些化石直径甚至有好几法尺；比如一些现已找不到任何类似生物的鱼类和贝壳……它们只在地球的早期时代中生存过，那时仍然高温的大地和海洋提供给它们生存必需的热量；如今它们已经绝迹，原因很有可能是地球的冷却。

就这样，我们通过既定事实和地质遗迹来划分时代的顺序，将早期时代划分成六个不同阶段、六个时间的区域。尽管它们的边界无法界定，却是真实存在的。一方面，这些纪元不像人类史一样有着明确的节点，也无法通过世纪或其他时间单位来精确衡量。但是，另一方面，我们可以将这些纪元进行比较，估算它们的相对长短，将每个纪元与其他的事实和地质遗迹联系到一起，顺推到当代，从中或许可以找到一些过渡时期。

在进行更深入的研究之前，我们先来假设一个严苛的反对意见，这个反对意见甚至有可能发展为责难。人们可能会问，在神圣传统宣扬世界只有六千或八千年历史的情况下，你们如何赋予物质如此古老的年龄？无论你们的证据多么确凿，推理多么有理有据，事实多么明显，难道圣经中的故事不是更加可信和确定吗？与圣经相悖，那不是冒犯了启示我们的仁慈的上帝吗？

每当人们辜负上帝圣名，我都感到悲哀；每当人们亵渎上帝，辱没造物主的观念，只是从中捕风捉影的时候，我都感到痛心。越是穿透到自然的深处，我就越钦佩和尊敬它的创造者。但盲目的崇敬就变成了迷信，相反，真正的宗教建立在理智的敬意之上。我们要试着去合理解释上帝通过使者传达给我们的有关造物的原始事件。让我们细心地采集天主的光辉中洒落的这些光束，它们并不会掩盖真理，只会为真理注入更多辉煌与壮丽的色彩。

第二章

四足兽

　　本章选取的是《博物志》中记述猿、猴、猫、海豹、海象、蝙蝠等哺乳动物的篇目。这些篇目不仅介绍了各种动物的形态、习性，也体现了布丰的研究方法。

　　博物学是一门海纳百川的学科，博物学家需要收集和积累大量的标本和文献，才有可能构建自己的理论体系。从1739年开始负责管理皇家花园起，布丰几乎没有离开过法国，但是这并没有束缚布丰作为一名伟大的博物学家的视野。他不仅从自己的观察中获得研究素材，更将历史上几乎所有的博物学著作、各种游记甚至谈话都当成了资料来源。古人、与布丰同时代的学者和探险者们，似乎都成了他的眼睛、耳朵、双脚和手臂，古代的、当代的、旧世界的、新大陆的，各种博物学信息源源不断汇聚到布丰手里，各种动植物、矿物和化石标本经过马匹、舟船、车辆的运载，通过一双双手的传递，最终出现在布丰的书房里……

　　从本章和下一章的选篇中可以看出，布丰饲养了很多动物，如猩猩、山魈、叟猴、浣熊等，亲自观察这些动物的形态、习性。布丰对于这些动物的记述，以他自己的观察记录为主。对于自己无法饲养，也没有见过活体和标本的动物，如海豹、海象、食虫兽等，布丰的研究则以文献引用和分析为主。而无论是观察记录还是文献分析，布丰始终持有一种辩证的态度：在实际观察中要注意分辨动物的自然习性和人类驯养形成的习惯，注意文献中记载的其他种类；在使用文献时要注意对照比较、去伪存真，对他认为较为真实准确的记载不惜篇幅，大段引用。

　　布丰在写作时非常注重文采，也从不刻意隐藏自己对各种动物的喜爱和厌恶。比如写猫的那篇，布丰在开头就写道"猫是一种不忠的家养动物"，"人们养猫都是情非得已"，认为"它们总是绕着人走，眼神闪烁不定，从不直视自己喜爱的人的眼睛"，评价说"猫的心中只有自己，只在某些条件下才付出自己的爱，与人类来往的目的只是获得利益。出于这种天性上的高度契合，猫与人之间的和睦程度超过了猫与狗的，因为狗总是掏心掏肺"。这些"任性"的文字在让人忍俊不禁的同时，也让人深思、感佩。

人类近亲

猩　猩

制作于 1890 年前后的广告画，描绘的是布丰和他驯养的大猩猩

我所见过的那只猩猩始终两足直立行走，甚至肩负重物的时候也是如此。它的表情相当忧郁，步履沉重，动作谨慎；它天性温和，与其他猴类大不相同：既不像叟猴一样急躁，又不像狒狒一样心怀恶意，也不像长尾猴一样肆意妄为。要想指挥猩猩，只需要打手势和发布口令，而驯服狒狒则需要用棍子，驯服其他猴类需要用鞭子，经过多次鞭打后它们才会屈从。我曾经见过这只猩猩做手势指引前来参观它的人，与他们一起郑重其事地走路，像是他们的陪同一样。我还看到它坐在桌上，铺开餐巾，用餐巾擦嘴，用餐叉和餐勺把食物送到嘴边，然后自己把饮料倒入杯中，受邀与别人碰杯，再取来一个杯子和一个茶托放在桌上，往里面放入糖，倒入茶，等到茶冷下来才开始饮用。所有动作流畅自然，不需主人的手势或口令指导便自发完成。它从不伤害人类，甚至会小心翼翼地靠近人，做出类似寻求抚摸的动作。这只猩猩嗜糖，人们也都愿意给它吃，但由于它本身就有经常咳嗽的毛病，再加上胸腔受过创伤，因此大量的甜食无疑缩短了它的寿命。它只在巴黎度过了一个夏天，冬天的时候就死在了伦敦。它几乎什么都吃，尤其喜欢成熟的果子和干果；它还喝葡萄酒，不过量很少，并且当有牛奶、茶或者其他甜饮的时候就欣然把酒丢到一旁。有人曾经向奥兰治封地王子弗雷德里克·亨利展示过一只活的猩猩，蒂尔普[1]对它的形象做了详细的描述，内容与上文所述的我亲眼所见的大致相同。但是，如果想要认识这种动物本来的样子，将它的本能与从主人那里学来的东西区别开，将其天性与后天的教育分开（对于猩猩来说，后者更为陌生，因为它不是跟从父母学习，而是跟从人类），我们就要把自己的见闻与那些曾经亲眼见过野生猩猩的旅行者的描述进行对比，将自由状态和被俘状态的猩猩进行对比。德拉布罗斯[2]先生曾经从一个黑人手中买到两只年仅一岁的幼年猩猩。他没有提到那个黑人是否曾经训练过这两只猩猩，但他似乎很确定它们可以

---

① 蒂尔普（Nicolaes Tulp, 1593—1674），荷兰医生、解剖学家。——译者注

② 德拉布罗斯（Guy de La Brosse, 1586—1641），法国医生、植物学家。——译者注

自行完成上述的一系列动作中的大部分。他说："在本能的驱使下，这些动物像人一样坐在桌边，什么食物都吃，可以用刀、勺、叉来切割和拿取人们放在盘中的食物。它们还喝葡萄酒和其他甜烧酒……我们把它们带到桌边，当它们需要什么东西的时候就会吐泡泡发出声音。有时候，孩子们不给它们想要的东西，它们就会生气，抓住他们的胳膊，咬他们，把他们推倒在身下进行殴打……两只猩猩中那只雄性的生病了，被像人一样照料，甚至右臂还放过两次血——每当它觉得难受的时候就伸出胳膊让人放血，好像知道这样自己会舒服一些。"

亨利·格罗斯[①]说他在科罗曼德尔海岸北部的卡纳塔克果阿地区的森林里发现了猩猩，并且将一雌一雄两只猩猩送给了孟买总督奥尔内先生。它们刚好 2 法尺高，外形酷似人类，两足行走，身体呈苍白色，有着与人类相同的毛发分布。它们大部分行为举止也与人类极为相似，当知道自己沦为囚徒的时候透出忧伤的神色，并且在被人装笼运到船上之后在笼中精心整理床铺，有人观看的时候用手遮住羞于示人的部位。他又补充说，那只雌猩猩在船上病死了，雄猩猩显露出各种痛苦的迹象，为同伴的死感到万分悲伤，开始绝食，然后不出两天就死掉了。

根据弗朗索瓦·皮拉尔[②]的报告，他在塞拉利昂发现了一种叫作"巴里斯（baris）"的动物，体形肥胖，四肢健壮。这种动物非常灵巧，如果从幼年开始由人类喂养和训练，各种行为举止就会像人类一样。它们平常仅以两只后足行走，懂得在研钵中研磨人们给它的东西，会用罐子去河边汲水，然后把它装得满满的顶在头顶；但当快到家门口的

---

① 亨利·格罗斯（John Henry Grose，生卒年不详），英国东印度公司文职人员，于 1757 年出版了《东印度游记》（*A Voyage to the East Indies*）一书。——编者注

② 弗朗索瓦·皮拉尔（Francois Pyrard，约 1578—约 1623），法国航海家。——译者注

时候，如果人类不立刻接过水罐，它们就任其落翻在地，然后看着洒了一地的水和破碎的水罐大哭大叫。尼伦贝格[1]在引用雅里克神父的话时，用几乎相同的字眼描述过同样的事情。在有关这类动物的教育方面，斯豪滕[2]的说法也和皮拉尔一致。他说："人们用套索捉住它们，然后开始驯养，教它们如何用后足行走和像用手一样使用前足来做事，甚至教它们做家务，比如洗玻璃杯、拿饮料、转纺锤等等。"勒·加亚说："我曾经在爪哇岛看到过一只不同寻常的猴子。这是一只雌性猴，体形很大，通常用后足走路，身体笔直；一只手遮住身体上显示其性别的部位。它的脸上没有多余的毛发，只有眉毛，一张大脸看上去很像我在开普敦见到的霍屯督（Hottentots）妇女。它每天都把床收拾得干干净净，头枕在枕头上，还盖着一张毯子……当它头痛的时候，就把一张手帕紧紧系在头上，它裹着头躺在床上的样子十分有趣。类似的奇异细节还有许多，但我必须承认，我并不像众人一样欣赏这些，因为我无法忽略人们想要把这只动物运到欧洲以供观赏的意图，因此更倾向于认为它大多数的滑稽动作都是人们教的，想让别人以为这是它的自然状态，事实上这只是我的一个猜想而已。它死在好望角的一艘船上，我当时也在船上。确定无疑的是，这只猴子的外形很像人类。"卡内里[3]也说曾经见过一只像小孩一样哼哼唧唧的猴子，它用两只后足行走，把席子抱在怀中以便随时躺下睡觉用。他补充说，这些猴子在某些方面似乎比人类更加聪明，因为它们在山中找不到水果的时候就会去海边捉螃蟹、牡蛎和其他海产。有一种叫作"塔克洛沃"（taclovo）的牡蛎，约几磅重，经常张开壳躺在海滩上。猴子担心在吃的时候牡蛎会闭上壳夹住自己的爪子，就往壳里扔进一块石头以阻止牡蛎封口，之后便可以毫无顾忌地大快朵颐了。

---

[1] 尼伦贝格（Juan Eusebio Nieremberg，1595—1658），西班牙博物学家，耶稣会会士。——译者注

[2] 斯豪滕（Willem Schouten，约1567—1625），荷兰航海家。——译者注

[3] 卡内里（Gemelli Careri，1651—1725），意大利旅行家、冒险家。——译者注

布丰描绘的"爪哇岛的猴子",可能是指婆罗洲猩猩（*Pongo pygmaeus*），也可能是指苏门答腊猩猩（*Pongo abelii*）。本插图描绘的是苏门答腊猩猩，出自德国博物学家约翰·冯施雷贝（Johann von Schreber，1739—1810）于 1774年开始出版的著作《哺乳动物图解》（*Die Säugetiere in Abbildungen nach der Natur mit Beschreibungen*）

　　游客弗罗赫尔说："居住在冈比亚河畔的猴子体形更大，也比非洲其他地方的猴子心眼都要坏。黑人很怕这种猴子，因为在原野上独自出行的话就会被它们攻击，而且它们会给人一根棍子，强迫人们跟它们打架。人们经常看到它们抱着七八岁的孩子躲在树上，夺回孩子几乎是不可能的。大多数黑人相信这是定居在自己国家里的一个奇特的种族，而它们不说话的原因是害怕人逼迫它们劳动。"

　　"在望加锡看到这么多猴子，"另一个游客说，"人们很不高兴，因为与之相遇通常是一场灾难。人们为了保护自己不得不时刻全副武装……它们没有尾巴，像人一样直立，仅靠两只后足行走。"

雌性苏门答腊猩猩和它的幼崽

  以上就是几乎所有最不轻信、最诚实的游客们叙述的有关这类动物的一切。我相信应该转述他们说的全部，因为对于这种与人类如此类似的动物来说，一切都有可能是重要的信息。为了更全面地描述其天性，我们也要指出那些将它们与人类拉远的差异特征和那些将它们与人类拉近的共同特征。从外观上看，与人类相比，猩猩鼻子并不凸出，前额过短，下巴底部没有抬起，耳朵比例过大，瞳距过短，而鼻子与嘴巴之间的距离过长——这些是猩猩脸部与人类脸部的全部区别。身体和四肢的区别在于：猩猩大腿太短，胳膊太长，大拇指太小，掌心太长也太紧绷，脚部更像手，而不是人类的脚。雄性特征部位与人类男性相同，但包皮处没有系带；雌性特征部位外部轮廓与人类女性十分相似。

布丰《博物志》第九卷中的黑猩猩配图，图下原有一词 "Jocko"

从内部构造上看，猩猩与人类肋骨数目不同，人类只有 12 对，而猩猩有 13 对；猩猩颈椎也更短，骨盆处骨骼更为紧密，胯部更平，眼眶更为深陷；猩猩颈椎第一节没有骨突，肾脏形状比人类更圆，输尿管、膀胱、胆囊形状与人类不同，更加狭长。所有其他部位，从头到四肢，不管内部外部都与人类惊人地相似，让人在比较之时心生敬意，同时又感到惊奇，因为完全一致的外形和构造却产生了不同的结果。比如，猩猩的舌头和所有发声器官都与人类相同，却不能说话；大脑的形状和比例也和人类的完全一致，却不会思考。这是否充分证明了，一个生命物质就算生理结构再完美，光靠它自身是没有办法产生代表其意志的思想或语言的，除非被一种更高级的机制所"拟人化"。人类和猩猩是唯一因拥有臀部和腿肚而可以直立行走的物种，也只有人类和猩猩才有宽广的胸部，平坦的肩膀，一节一节形状相同的脊椎骨，有着完全相似的大脑、心脏、肺、肝脏、脾脏、胰腺、胃、肠，并且在盲肠处有阑尾。包括狒狒、长尾猴在内，猩猩比其他任何一种动物都更像人类，原因不只在于上文指出的部位，还在于脸部的宽度、头骨、下颌骨、牙齿以及头部和面部其他骨头的形状，在于手指和大拇指的粗细、指甲的形状、腰椎和骶骨中椎骨的个数、尾骨骨头的数目，在于关节的相似度、髌骨形状和大小的相似度、胸骨的相似度等等。通过比较猩猩和其他与其最为相似的动物，比如叟猴、狒狒或者长尾猴等可以发现，尽管这些动物看起来与猩猩更为相近，相近到人们给了它们同样的俗称——"猴子"，但猩猩与人类的共同之处还是更多些。因此，印度人把它叫作"orang-outang"（意为"野人"），与人类联系在一起。这也是可以理解的，因为比起其他的猴子或其他动物，它更像人类。

　　猩猩没有颊囊（也就是说在脸颊内侧没有囊袋），也没有尾巴。臀部没有胼胝，饱满地隆起。所有牙齿都与人类相似，甚至有相似的犬齿。面部扁平无毛，颜色黝黑。耳朵、手脚、胸部、腹部同样光秃。

头上的毛像头发一样从太阳穴两侧垂下，背部和腰部也有毛发，但数量稀少。高五六法尺，始终以两足直立行走。我们尚未证实雌性猩猩是否像人类女性一样有月经，但我们推测是有的，而且根据类比的方法，这一点几乎毋庸置疑。

长 臂 猿

长臂猿始终直立，但在走路时四足着地，因为它的胳膊与身体和腿部的总长一样。我们曾经见过一只人们俘获的长臂猿，它身高不足 3

出自瑞士博物学家海因里希·斯欣茨（Heinrich Schinz）的《图解哺乳动物志》（Naturhistorische Abbildungen der Säeugethiere）的长臂猿插图。这本著作出版于 1824 年

法尺，但因其年纪尚小，我们推测它尚未达到身高的极限。成年的野生长臂猿可以达到至少 4 法尺。它看起来没有尾巴，但它与其他猴子的明显区别在于，它胳膊的长度与身体和腿的总和一样。因此，它可以后足站立，双手垂在地上，身体不需前倾就四足着地行走。它的脸部四周有一圈灰色的毛，看起来好像面部围了一个圆框，这使它有了一种不同寻常的神态。它的眼睛很大，眼眶很深，耳部光滑，耳朵边上镶着一圈毛；面部扁平黝黑，看起来与人类相似。如果手臂长度不是这么不协调的话，长臂猿是继猩猩与猿之后与人类外形最为相近的物种。因为人类

如果不加打理也会有相当奇特的外貌，任其生长的头发和胡须也会形成类似于长臂猿脸周的一圈毛。

　　这只猴子看上去很安静，性情温和，动作既不突兀也不急躁，慢悠悠地吃着人们给它的食物。人们给它喂食面包、水果、杏仁等。它很怕冷怕湿，在远离故土的地方没能生存多久。它来自东印度科罗曼德尔海岸、马六甲和马鲁古群岛地区一带。此外，似乎在更北的地区也有长臂猿的踪迹，有几个游客在中印边境地区见过他们称为"狒狒"的一种猴子，那应该也是长臂猿。根据体形、毛发颜色的不同，长臂猿有多个品种。在我们的陈列馆中有两只长臂猿，那只成年猿的体形反而比另一只小，并且后者毛发为黑色，前者为棕褐色；但由于它们在其他方面都一模一样，所以肯定是同一物种。

　　长臂猿没有尾巴，臀部无毛，有薄薄的胼胝；面部扁平，棕褐色，四周有一圈灰色毛发。犬齿比同体积的猴子更大。耳部无毛，黑色，圆形外廓。毛发为棕色或灰色，因年龄或品种而异。双臂异常长，以两只后足行走。身高 2.5 法尺或者 3 法尺。雌性与人类女性一样有月经。

与布丰的描述非常接近的白掌长臂猿（*Hylobates lar*）

猴

山　魈

　　这种狒狒①丑陋无比，面目可憎。鼻子完全扁平，或者说只有两只鼻孔，鼻涕不住地往外流，流到下面它还会用舌头接住。山魈吻部粗长，身体粗矮，血红的臀部高高翘起，肛门暴露在腰部。此外，它的脸部呈紫色，上面布满皱纹，两边有几条深深的纵纹，使它看起来更加丑陋和阴沉。它比非洲狒狒体形更大，也许更为强壮，但同时却也更加安静，并不凶猛。此处描绘的形象是根据我们见过的一雄一雌两只山魈而来的。也许它们已经被人驯服，或者它们本来就比狒狒性情温和，在我们看来更加容易驯养，不那么鲁莽放肆，但仍然不怎么讨人喜欢。

　　这种狒狒主要分布于非洲黄金海岸和南部地区，那里的黑人把它叫作"博戈"，而欧洲人把它叫作"山魈"。目前看来，除了猩猩之外，它是猴子和狒狒类动物中体形最大的一种。据史密斯②描述，有人送了他一只仅有六个月大的雌性山魈作为礼物，这个年纪的山魈就已经和成年的狒狒一样大了。他还说，这些山魈都是两足行走，会像人类一样哭泣和呻吟；对人类女性很狂热，在袭击落单的女性时总能得手。

① 按照现代动物分类学，山魈和狒狒是不同的两个属。——编者注

② 史密斯（William Smith，生卒年月不详），英国皇家非洲公司的测量员，1726 年受指派前往几内亚进行土地测绘，于 1744 年出版《几内亚的新旅行》（*A New Voyage to Guinea*）一书。——编者注

出版于1817年的乔治·居维叶（Georges Cuvier, 1769—1832）的《动物王国》（*Le Règne Animal*）中的山魈（*Mandrillus sphinx*）插图。居维叶是法国博物学家和动物学家，被称为"古生物学之父"。《动物王国》是他最重要的著作之一

山魈

山魈有颊囊，臀部有胼胝。尾巴很短，只有两三法寸长。犬齿从比例上来说比人类要粗长许多。吻部也粗且长，两侧有很深的纵向排列的皱纹，十分显眼。面部无毛，脸色发青。耳部、手脚内侧也无毛。身体覆有长长的棕色毛发，胸腹部毛发为灰色。两足行走的时候多于四足行走。身高4法尺或4.5法尺，可能有些品种更高。雌性与人类女性一样有月经。

白 眉 猴

这种长尾猴我们有两只，都是被冠以"马达加斯加猴"的名字送给我们的。通过一个很明显的特征就可以把它们与其他所有猴子区分开来——白眉猴眼睑处无毛，呈现惨白的颜色。它们的吻部粗大并且前伸，眼睛周围有凸出的垂肉。白眉猴的毛发颜色多样，有的头部为黑色，脖颈部和上半身为浅黄褐色，腹部白色；有的头部和身体颜色更浅，与上面一种猴子尤为不同之处是脖子和脸颊四周的一圈白毛。二者都有上扬的尾巴，毛发又密又长。它们与狐猴来自同一地区，有着相似的向外伸长的吻部和长长的、上扬的尾巴，毛发颜色多样。在我眼中，通过这些就可以将白眉猴与狐猴、长尾猴区分开来。

布丰描述的第二种白眉猴叫作白颈白眉猴（*Cercocebus torquatus*）。图片中是一只正在进食的白颈白眉猴

白眉猴有颊囊，臀部有胼胝，尾巴长度等于头部和身体的总和。

眉毛硬直竖立，耳朵为黑色，光秃无毛。身体上部的毛发为褐色，下部为灰色。这一物种有多个分支，有的整体颜色一致，有的在脖子和脸颊周围有白毛——在脖子四周呈项链状，脸颊四周则呈胡须状。它们四足行走，从吻部末端到尾根大约长 1.5 法尺。雌性与人类女性一样有月经。

白颈白眉猴插图。本插图出自 1816 年出版的《博物学词典》（*Dictionnaire des sciences naturelles*）哺乳动物卷。该卷的作者是法国博物学家和动物学家弗雷德里克·居维叶（Frederic Cuvier，1773—1838），他是乔治·居维叶的弟弟

猕猴和冠毛猕猴

在所有的长尾猴或者有尾巴的猴子中，猕猴与狒狒最为接近，有着同样粗壮敦实的身体，头大，吻大，鼻子扁平，脸颊皱巴巴的；同时，它又比其他大多数长尾猴更高大，体态更丰满。猕猴面貌奇丑，看上去像一种小型的狒狒，只不过尾巴不像狒狒的那么短，而是长长的，

覆有浓密毛发，并且卷成弓的形状。这一物种来自刚果和非洲南部的其他地区，数量庞大，根据体形、毛发颜色和毛发在身体上的分布情况可以分为几个不同品种。哈塞尔奎斯特[1]所描述过的品种有着超过2法尺长的身体，而我们亲眼所见的那几只几乎不足1.5法尺。我们在这里叫作"冠毛猕猴"的猕猴，头顶有一簇毛发，状如鸟冠，因此而得名。我们认为它是猕猴的一个变种，除了前面提到的"冠毛"和毛发其他的细微差异，二者完全相同。它们全都性情温和，容易驯养。但是它

冠毛猕猴（*Macaca radiata*）是生活于印度南部一种猕猴，因头部浓密而长的毛发形似帽子而得名

们身上散发着一种类似蚂蚁或者麝香的味道，除此之外还又脏又丑，做鬼脸时非常骇人，令人难以抑制对它的恐惧和厌恶。这种长尾猴通常成群结队集体行动，尤其是去偷水果蔬菜和庄稼的时候。据博斯曼[2]所说，这些猴子逃跑时，每只前爪抓着一两枚玉米，腋下和口中也各有一两枚，通过后足不断跳跃而离开；当人们在后面追赶的时候，它们就扔下爪中和腋下的玉米，只留下口中的，以便于四足着地更快地逃离。这位游客还补充说，它们在采摘每枚玉米的时候都会无比认真地检查，稍有不满意就扔到地上去摘其他的。由于这种奇特的挑剔，

[1] 哈塞尔奎斯特（Fredrik Hasselquist，1722—1752），瑞典博物学家、探险家。——译者注

[2] 博斯曼（Willem Bosman，1672—？），荷属西印度公司商人，于1704年出版了《几内亚海岸的黄金与奴隶贸易详述》。该书在很长一段时期内是描述荷属黄金海岸（今属加纳）地区自然景观和社会经济情况的权威著作。——编者注

它们每次偷窃都会造成大量的浪费。

　　猕猴有颊囊，臀部有胼胝；尾巴长度大约等于头部和身体的总和，约 18 法寸至 20 法寸。头大，吻大，面部无毛，苍白而布满皱纹，耳朵覆有密密的绒毛，身体粗矮敦实，腿部粗短。头部毛发呈灰绿色，胸腹部则为灰黄色。头部顶端有一簇毛发。四足行走，偶尔两足。身体长度包括头部在内约为 18 法寸或 20 法寸。似乎同一物种内还有其他体形更大或更小些的品种，比如冠毛猕猴。

选自《儿童图解百科》的冠毛猕猴插图。《儿童图解百科》出版于 1790 年到 1830 年间，出版商是德国出版家弗里德里希·贝尔图赫（Friedrich Justin Bertuch，1747—1822）

　　我们认为，冠毛猕猴只是猕猴的一个品种，体形约是一般猕猴的三分之二。不同于猕猴头顶脊状的毛发，冠毛猕猴顶部是一簇又直又尖的毛发。额头毛发的颜色方面，猕猴是暗绿色，而冠毛猕猴是黑色。此外，与猕猴相比，冠毛猕猴的尾部在全身所占的比例更大。此物种的雌性与人类女性一样有月经。

赤　猴

　　赤猴与猕猴来自同一地区，体形也相差无几，但是身体更长，脸部更好看，毛发也更漂亮。赤猴引人注目的地方在于一身发亮的皮毛，鲜艳的红棕色看上去像是印染的一样。我们曾经见过两只不同品种的赤猴，第一只眼睛上方有一条带状黑毛，从一只耳朵一直延伸到另外一只；第二只与第一只唯一的不同就是那一束毛发颜色为白色。两只赤猴的下颌下方和脸颊四周都有长长的毛，形成一圈漂亮的络腮胡；不过第一只胡子是黄色的，第二只是白色。这种差异意味着，可能还存在其他颜色毛发的不同品种的赤猴。我非常确定，马尔莫[①]所说的来自非洲国家、跟野猫毛发颜色一样的长尾猴就是赤猴的一个品种。这种长尾猴不如其他品种动作灵活，但好奇心极强。布吕[②]说："我曾经看到它们从树木高处往下爬到树梢上观望路过的小船，过一会儿后似乎还会就此交流一下，然后把位置让给后面的同类。这些猴子有的很放肆，甚至会朝法国人身上扔树枝，人们只能开枪反击。它们有几只掉下树来，还有些受伤了，其他的都陷入一种异常的沮丧之中。有一些开始叫喊，声调骇人；另一些则捡起石头扔向敌人。其中有几只把怀中的石头都转移到手里，用力扔向周围旁观的人。但到最后，它们意识到寡不敌众，就集体撤退了。"

---

① 马尔莫（Luis del Mármol Carvajal，1520—1600），西班牙编年史学家，曾在西班牙南部和北非生活、游历。——编者注

② 布吕（Andre Brué，1654—1738），法国探险家、商人。——编者注

我们推测，勒梅尔[①]提过的长尾猴就是指赤猴。这位游客说："在塞内加尔，当猴子的食物，即玉米和谷类成熟后，这类猴子造成的破坏难以用语言形容。它们四五十只聚成一群开始采摘果实，有一只留在树上放哨，环视四周并且听着动静，一旦看见有人靠近就像疯子一样大喊大叫发出警告，接到信号的猴子就带着战利品一哄而散，无比灵活地从一棵树跳到另一棵上。怀中抱着小猴的母猴子若无其事地跟着其他猴子蹦跳着离开，仿佛怀中空空如也。"

　　在非洲大陆上有大量各种各样的猴子、狒狒和长尾猴，其中一些还十分相似。尽管如此，游客们还是注意到，它们从不混居，每一物种都居住在各自的领地之内。

赤猴（*Erythrocebus patas*）

① 勒梅尔（Jacques-Joseph Le Maire，生卒年月不详），法国旅行家，曾在加那利群岛、塞内加尔、冈比亚、佛得角等地游历。其游记出版于 1695 年。——编者注

赤猴有颊囊，臀部有胼胝，尾巴长度短于头部和身体的总和。头顶扁平，吻长身长腿长。鼻上有黑毛，眼睛上方有一条窄窄的带状黑色毛发，从一只耳朵延伸到另一只。头部毛发呈一种接近红色的红棕色，而下面的部分，比如喉咙、胸腹部都是灰黄色。眼睛上方那束毛发有些是黑色的，有些则是白色，据此可以将赤猴分为不同的品种。当生气的时候，赤猴不像其他长尾猴一样下颌振动。四足行走的时候多于两足，从吻部末端到尾根长约 1.5 法尺或 2 法尺。根据游客的叙述，还有一些体形更大的赤猴。雌性像人类女性一样有月经。

松 鼠 猴

松鼠猴（*Saimiri sciureus*）

松鼠猴，俗称"极光卷尾猴""橙色卷尾猴"和"黄色卷尾猴"，在圭亚那一带相当出名，因此也有一些游客把它称为"圭亚那卷尾猴"。由于它动作优雅，体形娇小，毛发鲜丽，眼睛大而有神，一张圆脸玲珑小巧，松鼠猴比其他任何卷尾猴都受到人们的喜爱。实际上，它也是所有卷尾猴中最为漂亮可爱的，但却也最娇气，最难运输和养活。由于上述的特征，尤其是再加上尾巴这一条，松鼠猴看上去与卷尾猴和柽柳猴都有着细微的差异，因为它的尾巴既不像柽柳猴一样耷拉着没有用途，也不像卷尾猴一样强劲有力。也就是说，它的尾巴是半卷握的，尽管可以助它爬上爬下，却不能稳固地悬挂、有力地抓握或者给自己拿来想要的东西。我们已经不能像对其他的卷尾猴一样，把它的尾巴比作一只手。

选自弗雷德里克·居维叶《博物学词典》的松鼠猴插图

　　松鼠猴没有颊囊和臀胝胝。鼻孔间的隔膜很厚，鼻孔开向两侧且上翻，而不是向下。可以说没有前额，毛发呈鲜艳的黄色。眼睛周围有两团突出的垂肉。鼻子根部上翻，鼻孔部位扁平。嘴小，面平无毛，耳内有毛，耳朵形状略尖。尾巴半卷握，比身体还长。从吻部末端到尾巴根部长度仅有 10 至 11 法寸。可以轻松地靠两只后足站立，但走路时通常四足着地。雌性没有月经。

柽 柳 猴

　　柽柳猴最惹人注目的部位是那对阔大的耳朵和黄色的足部。这是

097

一种漂亮的动物，活泼好动，易于驯养，但很娇弱，难以在我们这里的恶劣天气中长时间生存。

选自《博物学词典》哺乳动物卷的赤掌柽柳猴（*Saguinus midas*）插图

柽柳猴

柽柳猴无颊囊，无臀胼胝；尾巴松垂，没有卷握力，长度是头部和身体总和的两倍。鼻孔开口朝向两侧，之间的隔膜非常厚。面部肌肉颜色暗沉。大大的耳朵棱角分明，无毛，颜色跟面部相同。眼睛为栗色，上唇裂开，像兔子一样。头部、躯体和尾巴毛发都是棕黑色，稍微竖起，不过很柔软。足部覆盖着短短的橙黄色毛发。它的肢体比例匀称，以四足行走，头部和躯体长度总和不过七八法寸。雌性没有月经。

叟　猴

在所有猴类，或者说所有无尾猴类中，叟猴最适应我们这里的气候温度。近几年我们养了一只。夏天的时候它更喜欢户外的空气，而冬天在没有火炉的房间里度过即可。尽管并不体弱，它却总是忧伤，常常脸色阴郁。它还会做怪相以示愤怒或者饥饿。它动作突兀，行为粗野，外观与其说是滑稽，还不如说是丑陋。一激动它就会龇牙咧嘴，摆动颌骨，把牙齿咬得咯咯响。它会把人们给它的所有食物都塞在颊囊里，基本上什么都吃，生肉、奶酪和其他发酵食品除外。它喜欢栖息在高处，在一根铁架支撑的棍子上睡觉。人们总是用链子拴着它，因为尽管畜养多时，它并不比以前更有教养，也不依赖主人。对这只猴子的教育似乎很失败，因为我见过比它更加懂事、顺从，甚至更加快活的同类，它们可以温顺地学习跳舞，有节奏地做手势，安静地让人给自己穿上衣服和梳理毛发。

德国博物学家约翰·冯施雷贝的《哺乳动物图解》中的叟猴（*Macaca sylvanus*）插图

凭借后足站立的时候，这只猴子身高约 2.5 法尺到 3 法尺。雌性叟猴比雄性体形更小些。比起两足行走，它更情愿四足着地走。当休息的时候，它几乎一直是坐着的，整个身体的重量都压在两块巨大的胼胝上，而胼胝恰好位于平常动物的臀部所在位置的下方。它的肛门更高，因此坐下的高度比平常情况低，同时身体比人类坐着的时候更为倾斜。它与无尾猴或者严格意义上的猴子并不相同。首先，它的吻部较大，并且突出，像獒犬一样，而无尾猴则面部扁平。其次，它有长长的犬齿，而无尾猴犬齿从比例上看并不比人类的长。最后，它没有像无尾猴那样扁平、弧形的指甲，体形更大、更健壮，性情也不如无尾猴温顺。

叟猴

此外，叟猴还有多个品种。我们见过一些体形大小、毛发深浅与数量都不同的种类。阿尔皮尼 [1] 所描述的叫作"狗头猴"的五只动物似乎都是叟猴，只凭体形不同和其他一些细微的差异，它们不足以被认为是不同的物种。这一物种看来主要分布在旧大陆的热带气候区中，

---

[1] 阿尔皮尼（Prospero Alpini，1553—1617），意大利医生、植物学家。——译者注

另外还分布在鞑靼地区、阿拉伯半岛、埃塞俄比亚、马拉巴尔、柏柏尔[1]海岸、毛里塔尼亚等地，一直到好望角一带。

　　叟猴没有尾巴，尽管后面有一小块皮肤有尾巴的外形。它有颊囊，臀部有明显的大块胼胝。犬齿比人类长很多。面部底端突出，形成类似獒犬的鼻子。脸部有绒毛，身体毛发为棕绿色，腹部下方毛发黄白色。它可以用两只后足行走，但更常用四足。身长 3 法尺或 3.5 法尺，有些品种身高可能会更高些。雌性同人类女性一样有月经。

狨　　猴

选自弗雷德里克·居维叶与法国博物学家艾蒂安·圣伊莱尔（Étienne Saint-Hilaire）合著的《哺乳动物志》（Histoire naturelle des mammifères）中的狨猴（Callithrix jacchus）插图

　　包括身体和头部在内，狨猴身长不足半法尺，而它的尾巴却超过了 1 法尺长，并且有着狐猴一样明显的黑白相间的环纹，不过狨猴尾

---

[1]　柏柏尔地区，又译巴巴利地区，是 16 至 19 世纪时欧洲人对马格里布的称呼，即北非的中部及西部沿海地区，相当于今天的摩洛哥、阿尔及利亚、突尼斯及利比亚。——编者注

101

巴上的毛发比狐猴更长更密。狨猴面部无毛，颜色暗沉，两簇长长的白毛垂在耳前，造型独特。由于这两簇白毛，狨猴的耳朵尽管很大，从正面也无法被看到。帕森斯[1]先生在英国《皇家学会哲学汇刊》上对它做过一番精彩的描述，之后爱德华兹[2]先生又在他的摘录集中给出了一张生动的插图。爱德华兹先生声称曾经见过很多只狨猴，其中最大的勉强有 6 盎司重，最小的仅 4.5 盎司。通过细心的观察，他发现那种埃塞俄比亚的小猴子，也就是鲁道夫[3]曾经提及的"丰凯斯猴"或者"黑白疣猴"，其实并非人们所想的那样跟此处说的狨猴是同一种动物。他很确定，狨猴或者其他任何狨猴类的猴子都不生活在埃塞俄比亚，而鲁道夫所说的"丰凯斯猴"或者"黑白疣猴"很有可能是狐猴或者懒猴的一种，生活在旧大陆南部。爱德华兹先生补充说，健康的狨猴体毛浓密。他所见过的狨猴中最具活力的那只能吃好几种不同的食物，比如饼干、水果、蔬菜、昆虫、蜗牛。有一天，它的锁链被解开后，它猛地扑向水盆中的一条中国小金鱼，将它杀死，然后贪婪地吃掉；接着，人们又给了它几条小鳗鱼，鳗鱼缠住了它的脖子，它被吓了一跳，然后很快就掌握了主动权，把鳗鱼吃掉了。最后，爱德华兹先生补充了一个例子，证明狨猴有可能在欧洲南部地区繁衍。他说，它们在葡萄牙这一适宜自己生存的气候中产下了幼崽；幼年的狨猴非常丑陋，身体几乎没有毛发，紧紧地贴着母亲的头部；再长大一点，它们就缠住母亲的后背或者肩膀；母亲背不动它们的时候，母亲就在墙面上蹭来蹭去以摆脱掉它们。幼猴和母亲分开后，雄猴再担负起责任，让小猴爬上自己的后背，以便让雌猴喘一口气。

---

[1] 帕森斯（James Parsons, 1705—1770），英国医生、收藏家和作家，英国皇家学会会士。——编者注

[2] 爱德华兹（George Edwards, 1694—1773），英国博物学家、鸟类学家，被誉为"英国鸟类学之父"。——编者注

[3] 鲁道夫（Hiob Ludolf, 1624—1704），德国东方学者。——编者注

狨猴

狨猴无颊囊，无臀胼胝。尾巴松垂，没有卷握力，上面毛发稠密，有黑白相间或者说棕灰交替的环纹，长度为头部和身体总和的两倍。鼻孔开口朝向两侧，之间的隔膜非常厚。头部浑圆，前额上方覆盖着黑色毛发，前额以下鼻子以上是一块光秃的白斑。面部基本无毛，呈深色。头部两侧耳朵前方有两簇白色长毛。耳朵外廓为圆形，扁平无毛，厚度无几。它的眼睛为偏红的栗色。身体表面柔软的毛发为烟灰色和另外一种更亮的灰色，颈部、胸部和腹部则混杂着一些黄毛。它四足行走，从鼻端到尾根一般不足半法尺。雌性没有月经。

蜂　猴

蜂猴也称"懒猴"，体形娇小，分布于锡兰[1]一带，以其优雅的形象和奇特的身体构造闻名。它也许是所有动物中身体比例最不协调的：它有九节腰椎，而其他动物仅有五节、六节或者七节。它的身体就这样被拉长了，而尾巴的缺失更是从视觉上增进了拉长效果。蜂猴头部浑圆，吻部几乎与面部垂直。眼睛极大，眼间距很窄。耳朵大而圆，里面有三块听骨，形成小海螺的形状。我们认为，特雷夫诺[2]描述的动物就是它。他说："我在蒙古见到让众人津津乐道的一些猴子，它们来自锡兰。人们欣赏它们的原因在于它们比一个拳头还小，是一种不同于普通猴子的物种。它们前额扁平，又大又圆的眼睛呈明亮的黄色，跟一些猫一样。吻部很尖，耳朵里面是黄色的。它们没有尾巴……当我细看的时候，它们用后足站立，时时互相拥抱，毫不惊慌，淡定地看着人群。"

现藏于大英自然博物馆的《约翰·里夫斯中国广东动植物图集》中的间蜂猴（*Nycticebus coucang*）绘图

间蜂猴

---

① 斯里兰卡的旧称。——编者注

② 特雷夫诺（Jean de Thévenot，1633—1667），法国旅行家、博物学家、语言学家。他的足迹远至印度东海岸。——编者注

环 尾 狐 猴

环尾狐猴是一种漂亮的动物，面容精致，外形优雅，身材苗条，毛发始终整洁发亮。它显著的特征在于大大的眼睛，比前腿长出许多的后腿，以及漂亮的大尾巴。它的尾巴始终高高上扬，动来动去，上面还有大约30道黑白间隔、条条分明的环纹。环尾狐猴性情温和，尽管有多个与猴子相似的特征，但不像猴子一样顽劣。野生的环尾狐猴是群居的，在马达加斯加，它们常常30或40只成群生活在一起。被人捕获后，它唯一令人不快的地方是过于好动，因此人们通常用链子拴着它。尽管生性活泼并且动作敏捷，它并不凶狠，也不野蛮；它易于驯养，人们可以任其来去，不用担心它逃跑。它的步伐像其他所有四"手"而非四足的动物一样有些倾斜，因此跳跃起来比走路更加优雅和轻盈。它相当安静，只有在感到惊吓或气愤的时候才发出短促而尖锐的叫声。它坐着睡觉，吻部下垂，搭在胸前。它不过一只猫的大小，但身体更长些，不过它看起来更高，因为它的腿比较长。它的毛发虽然摸起来非常柔软，但并不是软趴趴的，非常直挺。

1856 年版的布丰《博物志》中的环尾狐猴（*Lemur catta*）插图

环尾狐猴、蒙狐猴和黑狐猴来自同一地区，似乎只生活于马达加斯加、莫桑比克及附近的岛屿上。根据游客的描述，没有人在其他地方发现过它们。它们生存在旧大陆上，而新大陆上的负鼠、袋鼯跟狐猴一样，都是"四手动物"，它们以及新世界其他所有动物都比旧世界的动物小很多。在外形方面，狐猴与长尾猴、裂趾类的动物都有些不同，因为它们跟猴子一样有四只"手"和长长的尾巴，同时又有跟狐狸和石貂一样的长鼻子。它们的基本生活习性跟猴子更为相似，因为尽管有时食肉，常常对鸟类虎视眈眈，但它们吃植物的时候要比吃肉的时候多，被驯化后，相比于生肉和熟肉，它们仍更喜欢食用水果、植物根部和面包。

环尾狐猴

小型兽

猫

　　猫是一种不忠的家养动物。人们养猫都是情非得已，因为它可以赶走家中另外一种更加不受欢迎的、令人类束手无策的动物。我们没有把那些喜欢一切动物、以养猫为乐的人计算在内，因为前者是物尽其用，后者却是为了享受。尽管这种动物——尤其在幼年的时候——温驯可爱，但在它们内心深处总是隐藏着一份狡黠，性格中带着些许虚伪，天生喜欢作恶，并且这些缺点都会随着年龄的增长而增强，而人们的驯养只是让猫学会隐藏缺点。作为坚定果敢的小偷，猫只有在受到良好教育的时候才会表现出温顺讨好的一面，就像那些人类中的小淘气鬼一样。它们与之一样敏捷机灵，同样爱捣乱，爱小偷小抢；它们还懂得蹑手蹑脚，掩饰意图，审时度势，等候、选择并且抓住最合适的行动时机，事后远远逃开以躲避惩处，直到人们再次召唤的时候才回来。它们可以轻松适应人类社会的生活，但永远都学不会人的生活方式——它们对人类的依赖只是表面现象。它们总是绕着人走，眼神闪烁不定，从不直视自己喜爱的人的眼睛；出于不信任或者不忠之心，它们迂回着靠近人类，寻求抚摸的唯一目的就是让自己舒服些。比起那些将一切情感都投放在主人身上的忠诚动物，猫的心中只有自己，只在某些条件下才付出自己的爱，与人类来往的目的只是获得利益。出于这种天性上的高度契合，猫与人之间的和睦程度超过了猫与狗的，因为狗总是掏心掏肺。

出版于 1837 年的《新版布丰全集》（*New Edition of the Complete Works of Buffon*）中的家猫插图

猫的体形和气质也都与其天性契合。它们漂亮，轻盈，灵活，爱干净，并且享乐至上。它们寻求安逸，总跑到最柔软的家具上休息和嬉戏打闹。它们还很多情，这在动物中很少见。母猫似乎比公猫更加热情，它们会邀请、寻找和呼唤公猫，高亢的叫声中蕴含着欲望的激情，或者说过度的欲求。当被公猫逃避或者无视的时候，母猫会追上去咬它，强迫它满足自己，尽管过程中总是伴随着强烈的痛苦。猫的发情期持续 9 到 10 天，日期固定，通常一年两次，春秋各一次，但也经常有三次甚至四次的情况。妊娠期为 55 或 56 天 [1]，每胎数量不像狗那么多，通常为四只、五只或六只。由于公猫可能会吞食后代，母猫分娩的时候通常都会藏起来；当它们害怕被人发现并且带走自己的孩子的时候，就会把幼猫搬到一些洞穴和其他被人忽视或无法接近的地方。在哺乳

---

① 现在认为猫的妊娠期平均为 63 天，根据品种不同而有所差别。——编者注

几周后，母猫会给幼猫带来老鼠和小鸟，让它们早早适应肉食。但令人费解的是，这些精心照料后代的温柔的母亲有时会变得残忍而变态，会吃掉自己如此珍视的孩子。

年幼的小猫活泼好动，外形可爱，如果爪子不是这么吓人的话很适合做孩子的玩伴。尽管它们嬉闹起来甚是讨喜，但这愉快轻松的嬉闹从来都不是无害的，很快就会变成习惯性的耍坏心眼。由于只欺负得了小动物，它们蹲守在笼子旁，窥视着鸟、大鼠和小鼠，无须训练就成长为比最训练有素的狗更灵活的猎手。无拘无束的天性使得它们难以接受连续的训练。有人说塞浦路斯岛上的修道士成功地训练猫来驱逐、捕捉和杀死岛上泛滥成灾的蛇。但这些猫的捕猎行为更多是出于破坏心，而不是服从人类的命令，因为它们乐于一视同仁地窥视、袭击和杀害所有弱小的动物，比如小鸟、小兔子、野兔、大鼠、小鼠、田鼠、蝙蝠、鼹鼠、蟾蜍、青蛙、蜥蜴和蛇。猫没有服从的天性，嗅觉也不灵敏，而这两点在狗身上则截然相反。它们从不追逐消失在眼前的猎物，而是会等候在一旁，然后进行突袭。跟猎物玩耍很久之后，它们多此一举地将猎物杀死，即使它们已经吃得很好，不需要猎物来满足自己的食欲。

猫喜欢窥视和偷袭其他动物这种癖好最直接的生理特征依据在于它们构造特殊的眼睛。人类和其他大多数动物的瞳孔都能在一定程度上缩小和扩大，当光线晦暗的时候就扩大一些，当光线强烈的时候就缩小一些。在猫和其他夜行动物身上，这种瞳孔的收放更加明显，以至于黑暗中它们的瞳孔又圆又大，大白天则又长又窄，眯成一条线。因此，这些动物的夜视力比白天视力更好。我们对猫头鹰等动物的观察都证实了这一点，因为它们的瞳孔在自然状态下始终是圆形的。因此，白天猫的瞳孔会保持收缩是因为受到强光的影响，而到了傍晚，瞳孔恢复到自然状态，猫的视力也达到最佳，猫借此来辨认、攻击和偷袭其他的动物。

尽管猫住在我们的房子里，我们也不能说它们是纯粹的家养动物。即使是人类驯养最成功的猫也不会比其他同类更加顺从于人。可以说它们是完全自由的，从来都随心所欲，世界上没有任何东西可以让它们在不想停留的地方多待一刻。此外，大多数的猫是半野生的，不认识自己的主人，常去的地方只有谷仓和屋顶，或者在饥饿的驱使下去厨房和配膳室。尽管人们养的猫比狗更多，但由于猫踪迹隐匿，它们在数目上没有给人留下深刻的印象。而它们对人的依赖也不及它们对房子的眷恋：当人们把它们送到相当远的地方，比如一法里或两法里之外，它们也可以自己找回到原来的谷仓。显然，它们认识那里所有的老鼠藏匿地，所有的出口和通道，因为找回原地所费的精力远比熟悉一个新的环境要小得多。它们惧水，畏寒，怕难闻的气味，喜欢待在阳光下。它们总是寻找最温暖的地方睡觉，比如烟囱或火炉的后面。它们喜欢香味，会主动让身上散发香气的人抱起和抚摸。猫对于我们称为"猫草"的植物的气味反应强烈，兴奋不已，好像得到了极大的享受。为了保护花园里的猫草，人们不得不在它们周围围上栅栏，否则猫们大老远就可以闻到猫草的气味，跑过来在上面滚来滚去，不厌其烦地折腾，没多久这些草就被糟蹋掉了。

猫在 15 至 18 个月的时候发育完全，不足一岁就可以生育，一生都可进行交配。猫的寿命一般不超过 9 至 10 年[1]，但它们生命力非常顽强，而且比其他寿命长得多的动物更加精力充沛。

猫咀嚼缓慢而困难，它们的牙齿太短并且位置不当，以至于只能用来撕扯，而不是磨碎食物。因此猫总是倾向于吃最柔软的肉。它们

---

[1] 目前认为雄猫达到性成熟需要 5~7 个月，雌猫则需要 5~10 个月。而猫的平均寿命也在近几十年中不断延长，目前为 12~15 年。有些猫的寿命可达 30 多年。——编者注

喜欢鱼，无论生熟都可以吃。它们常常饮水。它们睡眠很浅，实际睡眠的时间比假寐的时间要短。猫脚步轻盈，走起来悄无声息。它们去远处排便，还会用土把粪便掩埋起来。由于爱干净，且皮毛总是干燥有光泽，因此猫的皮毛很容易带电，人们在黑暗中用手摩擦它们的皮毛时还可以看见火星。它们的眼睛在黑暗中熠熠发光，像钻石一样，似乎在放射着白天吸收进来的光芒。

欧洲野猫（*Felis silvestris silvestris*）。这张插图出自美国动物学家丹尼尔·埃利奥特（Daniel Elliot）的一篇论文

野猫可以同家猫交配繁殖，因此它们是同一个物种：我们常常会看见母猫和公猫在发情期离家去树林里找野猫交配，然后再回到家中。

正是出于这个原因，一些家猫长得跟野猫一模一样。它们真正的区别在内部：家猫的肠子比野猫长很多。但野猫一般都比家猫强壮和肥胖，嘴唇为黑色，耳朵竖得更直，尾巴更粗，毛发颜色更稳定。在我们生活的气候区中只能找到一种野猫。根据一些旅行者的描述，这种野猫同时也生活在各种不同的气候带里，并且没有较大的差异。在被我们发现之前，它们就已经生活在新世界的大陆上。有一个猎人曾经带来一只从树林中捉到的野猫给哥伦布[①]：这只猫中等大小，毛发为灰褐色，尾巴长而有力。这种野猫在秘鲁也有，不过没有家养的。它们还在加拿大、伊利诺伊以及几内亚、黄金海岸、马达加斯加等非洲地区有所分布，跟当地家猫共同生活。科尔布[②]说他在好望角发现了蓝色的野猫，不过数目很少。这些蓝色的猫，或者不如说板岩色的猫，同样生活在亚洲。瓦勒[③]说："在波斯，有一种来自哥拉汛省的猫，大小和外形都与普通猫无异。它们的美丽之处在于色泽和皮毛：它们的毛发是灰色的，没有任何斑点，通体一色，仅在背部和头部颜色略深，而胸腹部颜色略浅，有时接近白色。按照画家的说法，这种明暗的调和，即两种颜色的混合产生了绝妙的效果。此外，它们的皮毛细长柔软，油光锃亮，如丝般顺滑；由于长度很长，尽管它的毛发服帖、没有竖起，有的部位（尤其是喉咙以下）还是有些打卷。这种猫之于普通的猫就像卷毛狗之于普通的狗。它们全身最美丽的地方在于长长的尾巴，尾巴上覆盖着五六指长的毛发；它们像松鼠一样把尾巴伸开，翻到背上，尾尖像翎毛一样高高竖起。这种猫只被少数人拥有，葡萄牙人曾经把几只猫一路从波斯带到印度。"瓦勒补充说他自己养了四对，准备把它们带回意大利。从上述描述中我们可以看出，这种来自波斯的猫毛发颜色很接近我们所说的沙特尔猫，撇开颜色不谈的话，又跟我们所说的安哥拉猫几乎

---

① 哥伦布（Christophe Colomb，1451—1506），意大利航海家，地理大发现的先驱。——译者注

② 科尔布（Peter Kolbe，1675—1726），德国探险家、博物学家，曾被派遣到好望角，调查研究南非的动植物、天文等情况。——译者注

③ 瓦勒（Pietro Della Valle，1586—1652），意大利探险家、诗人、音乐家。——译者注

完全一样。因此，来自波斯哥拉汛省的猫、来自叙利亚的安哥拉猫和沙特尔猫有可能是同一种类；它们的美貌源于叙利亚特殊气候的影响，正如西班牙猫令人惊艳的柔顺光亮的红白黑三色毛发是受到西班牙气候影响的。总的来说，在所有可居住大陆的气候带中，西班牙和叙利亚的气候最有助于大自然中美丽变种的生长：那里的绵羊、山羊、狗、猫、兔子等有着最美丽、最长的毛发和最令人赏心悦目、最多样的颜色。那里的气候似乎可以使所有动物性情温和、外形美丽。野猫跟其他的野生动物一样，毛发粗糙，颜色深；被家养后，它们的毛发变得柔软，颜色变得多样。若它们生活在哥拉汛省和叙利亚，它们的毛还会变得更长、更细、更密，颜色都变得柔和，黑色和红棕色变成明亮的褐色，灰褐色变成灰白色。比较我们森林中的野猫和沙特尔猫，我们可以发现它们唯一的区别就在于这种颜色的弱化。此外，由于这些猫的腹部和体侧多多少少都有些白毛，我们不由得猜测，要想得到通体白色的长毛猫，比如我们叫作安哥拉猫的这一种，我们只需要在这种颜色被柔化的种群中寻找体侧和腹部白毛最多的个体，让它们交配，然后就可以得到全身雪白的猫。我们也是这样得到白兔子、白狗、白山羊、白鹿、白黇鹿的。西班牙猫只是野猫的另一个变种，它们的颜色不但没有像叙利亚的猫一样被统一弱化，反而被加深了，变得更加鲜明，红棕色几乎变成红色，褐色变成黑色，灰色变成白色。这些猫被带到美洲的岛屿上后保留了自身漂亮的颜色，没有退化。杜泰尔特[①]神父说："在安的列斯群岛有大量的猫，很有可能是西班牙人带过来的。其中大多数都有红棕、白、黑三色。一些法国人吃了它们的肉后把皮毛带回法国卖。我们最初在瓜德罗普岛上见到的这种猫，常吃山鸡、斑鸠、画眉等小型鸟类，因此不太瞧得上老鼠；但后来猎物数目大量减少，它们就撕毁了与老鼠的停战协议，开始重新作战了。"总体来说，猫不像狗一样容易在进入热带气候后发生退化。

---

① 杜泰尔特（Jean-Baptiste Du Tertre，1610—1687），法国多明各会修士、植物学家。——编者注

113

博斯曼说："欧洲的猫被带到几内亚后没有像狗一样发生变化，而是保留了原来的外形。"实际上，猫的特征要稳定得多。由于它们的驯化不像狗那样完全、普遍和具有悠久的历史，因此变种较少也不值得奇怪。我们的家猫虽然颜色各不相同，但并不是相互分离的不同品种；它们只有在西班牙、叙利亚或者哥拉汛省的气候下才产生了稳定而持久的变种。另外，中国直隶省的气候也可以算其中一个，那里有长毛折耳猫，深受中国女士们的喜爱。但关于它们的资料有限，它们显然与那些直耳的野猫关系更远，而后者是所有猫的祖先。

出版于 1837 年的《新版布丰全集》中的安哥拉猫插图

獴

跟欧洲的猫一样，埃及的獴也是家养动物，它们也会捉老鼠。不过，獴的捕食欲更强，捕食面也更广，鸟类、四足动物、蛇、蜥蜴、昆虫……它会攻击眼前的一切活物，什么都吃，并且不论什么部位都吃。正如它巨大的胃口一样，它的胆量也大得惊人，它不怕怒气冲天的狗，不怕阴险狡诈的猫，甚至也不怕张开血盆大口的蛇。它顽强地追杀蛇，直到捉住并且杀死它们，丝毫不畏其毒性。当獴感受到毒液的作用，就去寻找解毒药，也就是一种植物的根。这种植物的根被印度人以獴之名命名，并且被认为是被蝰蛇或者眼镜蛇咬伤后最有效的解毒剂之一。獴吃鸡蛋、鸟蛋和鳄鱼蛋，也会杀死刚出壳不久却已经相当强壮的小鳄鱼并将其吃掉。由于人们总爱在事实的基础上发挥想象，所以有人猜想说，对鳄鱼的仇视能驱使獴趁鳄鱼睡觉的时候钻到它的肚子里，把它的内脏统统撕破，然后再爬出来。博物学家们认为存在着多个种类的獴，因为它们有大有小，毛发各异。但如果细心观察，我们就会发现，跟其他动物一样，只有那些被圈养的獴发生了变异。因此，我们很容易得出结论，这种毛发颜色和体形大小的区别不足以将它们划分为不同的种类。将我见过的两只獴和其他毛发茂盛的獴进行比较，我发现它们的体形和毛发颜色的差异并不突出；并且，没有一只獴在某一方面跟其他个体迥异。不过，埃及家养的獴似乎比印度野生的獴体形要大些。

《博物学词典》哺乳动物卷中的埃及獴（*Herpestes ichneumon*）插画

獴喜欢生活在水边。在洪水泛滥期，它就搬到地势高处，但常常回曾经的住处寻找猎物。它走路无声无息，步态随需求而有所调整：有时高高昂起头，缩着身子，靠小腿的支撑站立着；有时像蛇一样伸长身体，在地面爬行；常常支着后足坐在地上，更常像离弦的箭一样径直扑向猎物。它的眼睛明亮有神，面貌精致，身体异常灵活，腿短，尾粗而长，毛发粗糙，常常竖起。雌性和雄性都有一个显眼的、无导管相连的开口，这种类似口袋的东西中会渗出一种带有香气的体液。人们猜测，獴在过于炎热的情况下可以打开这个口袋以便降温。獴的吻部很尖，嘴巴过窄，无法咬住较大的东西；但它的灵活和勇猛弥补了其武器和力量的不足。它可以很轻松地勒死一只比它体形更大、更强壮的猫；它常常跟狗争斗，再大的狗也会对它产生敬畏。

　　这种动物繁殖迅速，寿命较短。它们大量生活在整个南亚地区，而且从埃及一直到爪哇岛都有分布。此外，在非洲，从北部一直到好望角一带，人们也发现了它们的踪迹。但在温带地区，无论如何精心照料，我们都很难将獴养大，也没法让它存活较长的时间。风令它身体不适，寒冷足以使之毙命。为了避开风寒，保持体温，它蜷成球形，把头埋在大腿间。它的叫声轻柔，听上去像是喃喃细语，只有在被惊吓或激怒的时候叫声才变得尖锐。此外，在古埃及，獴受到了人们的供奉，即使在今天它也值得人们任其繁衍，或者受到保护，因为它杀死了大量的有害动物，尤其是鳄鱼。尽管鳄鱼蛋都藏在沙子里，它也能找出来，否则大量的鳄鱼蛋必将导致鳄鱼数目大增，造成隐患。

埃及獴

浣　　熊

　　我们曾经养了一只浣熊达一年之久。它的大小和外形都很像一只小型的獾，身体粗短，长长的毛发柔软而浓密，尖端泛黑，下面是灰色。它的头很像狐狸，不过耳朵是圆的，也短得多。一双大眼睛泛着黄绿色光芒，眼睛上方有一条横向的黑带。它的吻部细长，鼻子微微翘起，下唇较上唇向内收拢一些。它的牙齿跟狗一样上下各有六颗切齿和两颗犬齿。它的尾巴毛发浓密，长度与身体相当，整条尾巴上都有黑白交替的环纹。前腿比后腿短很多，每只脚上各有五趾，趾上有结实而锋利的趾甲。它的身体重心落在后足足跟，这样在立起来的时候它就可以将身体向前倾。它用前爪把食物送到嘴边，但由于脚趾并不灵活，它无法一只爪子抓住东西，于是每次只能两只爪子合起，捧住人们给它的东西。尽管身体又粗又短，它的动作非常灵活，尖尖的趾甲像钉子一样，帮它轻轻松松爬到树上。它轻巧地沿着树干爬上去，一直跑到树梢上。它始终蹦蹦跳跳地前行，而不是一步一步地走，动作虽然歪歪扭扭，却也迅速而轻盈。

《博物学词典》哺乳动物卷中的浣熊（*Procyon lotor*）插图

117

这种动物最早来自美洲南部地区。人们只在新大陆上看到过它，至少那些描绘非洲和东印度地区的动物的旅行者从未提及它。其实，在美洲的热带地区，浣熊非常常见，尤其在牙买加一带；它们住在那里的山中，常常下山来吃甘蔗。人们没有在加拿大或者其他北美地区发现过浣熊，尽管它们并不怎么畏寒。克莱因[①]先生曾经在格但斯克喂养过一只，我们养过的那只也曾经整夜把脚放在冰面上，并没感到不适。

浣熊

这只浣熊会把自己想吃的东西都放到水中浸泡或者说泡软。它把面包扔到装水的盘中，等到面包完全浸湿了才拿出来吃，不过前提是在它不饿的时候，因为它饿极了也对人喂它的干食照吃不误。它四处搜寻，东张西望，而且什么都吃，无论生肉、熟肉、鱼、鸡蛋、活禽，还是谷物、根茎等等。它还吃各类昆虫，尤其喜欢寻找蜘蛛；要是把它放在公园里让它自由行动，它就会去吃蜗牛、金龟子和各类虫子。它对糖、牛奶和其他甜食的喜爱胜过一切，但水果除外，因为比起素

① 克莱因（Jacobo Theodoro Klein，生卒年月不详），波兰格但斯克博物学者。——编者注

食，它更钟爱肉类，尤其是鱼类。它会跑到远处去解决大小便。此外，它是亲近人的，甚至会讨好人类，会跳到喜欢的人身上愉快而不失分寸地玩耍。它动作轻巧机敏，十分好动。在我看来，它的天性很像狐猴，跟狗也有些类似。

水　獭

绘制于 19 世纪的水獭（*Lutra lutra*）插图

　　水獭是一种贪吃的动物，比起肉来，它更喜欢吃鱼，几乎从不离开河边或湖边，有时能把整个水域里的鱼虾吃个精光。它有游泳的先天优势，甚至比河狸更加敏捷，因为河狸只在后足有蹼，前足趾是分开的，而水獭四足都有蹼，游起来几乎跟走路一样快。水獭不会像河狸一样游向大海，而是生活在淡水中，在相距较远的几条河之间溯流而上或者顺流而下。它们常常在两片水域之间往返，会在水中停留相当久的时间，然后浮到水面上呼吸。准确地说，水獭并不是水陆两栖的动物。换而言之，它无法像在空气中那样在水下生存，它的身体构造不适合在水中长期停留，而像几乎所有的陆生动物一样需要呼吸。如果它不慎在追鱼的时候落入捕鱼篓中，就会因为没有足够时间弄断柳条逃生而溺死在里面。它的牙齿跟石貂类似，不过更大也更有力，与身体比例一致。没有鱼、虾、青蛙、水鼠或者其他食物的时候，它会咬断小树枝，食用水边树木的树皮为生。它还吃春天新生的草。水獭不怕寒冷潮湿的气候。它在冬天发情，三月分娩。经常有人在四月初的时候把水獭幼崽带来给我。水獭每胎有三四只。一般而言，动物的幼崽都是漂亮的，但水獭的幼崽比年长水獭更为丑陋：它们头部形状古怪，耳朵位置很低，眼睛很小并且紧闭着，外表灰暗，动作笨拙，整体外形丑陋不堪，叫声机械地每隔一会儿重复一声，显得傻里傻气。然而，随着年龄增长，水獭逐渐变得灵巧，至少足以战胜本能和知觉远低于其他动物的鱼类。但是，我恐怕无法相信水獭具备河狸一般的能力，也深深怀疑人们对它们一些习惯的猜想是否正确，比如：总是先逆流而上以使返程更加轻松；在吃得饱饱的或者抱着猎物的时候只需顺水漂流即可；改造自己的居所，加一层地板以免受潮；在居所储存大量的鱼，以免食物匮乏；易于驯养，可以替主人捕鱼，并且把捕到的鱼一路送到厨房等等。据我所知，水獭不会自行挖洞居住，而是居住在它们所见到的第一个洞里面，比如在杨树、柳树的树根下，岩壁的裂缝里，甚至在成堆的浮木里。它们会在一个木柴和草铺成的垫子上分娩。人们在它们的窝里发现了鱼头和鱼骨。它们经常搬家，在满六周或者两个月后就会带走或者驱散它们的幼崽。我想要驯养的那几只水獭在还没强壮到可以咀嚼鱼肉的时候就总是想咬人，即使人给它们喂奶的时候也不老实。几天后，也许是由于生病或者虚弱的缘故，它们变得温顺了一些。它们远不能适应家养的生活，我想养大的那些不到一年就都死了。水獭生来就是野性而凶猛的动物，放它进养鱼池就相当于放黄鼠狼进鸡窝一样——杀死远远超过自己食量的鱼，然后开始大快朵颐。

水獭从不脱毛，不过冬天的时候皮毛颜色更加接近棕色，皮毛的价格也高出夏天。它有着上好的皮毛。它的肉在比较瘦的时候可以吃，有一股鱼腥或者沼泽的臭味。它的住所也有一股臭味，因为里面有腐烂的鱼的残骸。它自身的味道也很难闻。狗会主动追逐它，若它在远离住所或者水域的地方，狗就能轻易捉住它；但是，当被狗捉住后，它会激烈反抗，顽强而有力地啃咬，甚至有时可以咬断狗腿上的骨头。唯一使它停下来的方法就是将其杀死。而令人费解的是，顽强的水獭却会被弱小的河狸驱赶，不被允许居住在河狸经常出没的水边。

水獭

　　水獭数目并不多，主要分布在欧洲自瑞典到那不勒斯一带。人们也曾在北美地区发现过它们。它们在希腊广为人知，很有可能在所有温带气候区中都有分布，尤其是水域资源丰富的地区，因为它们无法生活在炽热的沙子或者干燥的沙漠中，同样也会逃开贫瘠的或者人类活动频繁的河流。我认为热带地区没有水獭，因为发现于圭那亚地区、被人们称为"巴西水獭"的那种动物只是一个相近的物种，两者并不相同。美洲北部的水獭跟欧洲水獭十分相似，只是皮毛比瑞典或莫斯科的水獭更黑、更华美罢了。

海兽

海　豹

　　一般而言，港海豹的头部跟人类一样是圆形的，吻部跟水獭一样宽，眼睛大而高，几乎没有外耳，只在头部两侧有两只耳洞。嘴巴四周有胡须，牙齿很像狼牙，舌尖分叉，或者说舌尖中部内凹成 V 形。脖子线条优美，躯体和手脚上都覆盖着一层有些粗糙的短毛。前肢没有明显的上臂和前臂，但是有两只爪（或者不如称作两片膜），皮肤下包裹着五趾，趾末端是五片趾甲。没有腿，两只后脚比前爪更大些，向后翻转，中间夹着一条很短的尾巴。它的身体如鱼般修长，不过胸部附近隆起，腹部则变窄，没有暴露在外的髋部、臀部和大腿。港海豹梦幻般的奇特形象激发了诗人们的想象力，他们以此为原型创作出了美人鱼、特里同[①]等人头鱼尾的多位海神。事实上，凭借着自身的声音、外形、智慧和能力等一切相当于陆生动物而远远凌驾于鱼类之上的特征，港海豹统治着这片无声的王国。它似乎不仅处于另一个等级，甚至像是来自一个不同的世界。这种水陆两生动物的天性虽然与我们的家畜相差甚远，但这并不意味着它不可被驯养。人们在水中饲养港海豹，教它用头和声音来打招呼；它适应了主人的声音，听到主人召唤就会

[①]　特里同，希腊神话中海王波塞冬和海后安菲特里忒的儿子，经常被塑造为人鱼形象。——译者注

现身，还有其他种种都是它的非凡智力和温驯程度的体现。

《博物学词典》哺乳动物卷中的港海豹（*Phoca vitulina*）插画

港海豹大脑和小脑的比例超过了人类，感官能力不逊于任何四足动物，因此有着敏锐的感觉和灵活的头脑。它以其温和的性格、群居的特征、社交的能力，以及对雌性的敏锐直觉、对幼崽的关怀、比任何动物都更富有表现力并且抑扬顿挫的声音而著称。它还是强大的，魁梧结实的身体、锋利的牙齿和尖锐的趾甲都是它的武器。除此之外，它还有一些其他动物不可比拟的独特优势：它不惧寒也不惧暑，对植物、肉类、鱼类照单全收；它可以生活在水中、陆地和冰上，与海象一起成为仅有的两栖四足动物，心房上有卵圆孔，因此可以不必呼吸，能同样适应水和空气的环境。水獭和海狸都不是真正的两栖四足动物，因为它们只能在空气中呼吸，并且由于心脏隔膜上没有开口，它们无法长时间待在水下，必须离开水或者把头抬出水面来呼吸。①

但是，港海豹如此突出的优势被它更加突出的缺陷抵消了。它没有双臂，或者更准确地说，四肢都不健全；它的四肢几乎全都被封闭在身体里面，伸出来的只有前后脚；它的脚各有五趾，但被裹在一层膜里面无法独立活动，与其称为脚还不如叫作鳍，更适合游泳，而不

① 实际上，海豹并非布丰认为的"两栖"动物。海豹用肺进行呼吸。——编者注

是行走。此外，它的脚跟尾巴一样朝向后方，无法支撑它的身体，因此，港海豹在陆地上的时候就必须像爬行动物一样爬行，且艰难程度有过之而无不及。它的身体无法像蛇一样拱起来不断替换身体的支撑点，从而靠地面的反作用力前进。如果不是靠嘴和前脚的钩挂能力，它将在原地打滑，寸步难行。由于对嘴和前脚的灵巧使用，它可以相当迅速地爬上高高的河岸，爬上岩石甚至浮冰，哪怕浮冰在快速运动并且表面光滑。它行走的速度也超出人们想象，即使受伤也常常能从猎人手下逃脱。

港海豹

港海豹过着群居的生活，定居在同一个地方。它们最适应北方的气候，不过同样可以生活在温带甚至热带地区，因为人们在欧洲几乎所有的海岸上都发现过港海豹，包括地中海地区，非洲和美洲南方的海岸上亦然。不过，在亚洲、欧洲和美洲北部的海洋中，它们更为常见，数目也更多，在地球另一端的麦哲伦海峡附近海域内同样大量分布。

124

雌性的港海豹在冬天分娩。它们把幼崽产在沙滩、岩石或者小岛上，与大陆保持一定距离。它们在幼崽出生的地方进行哺乳，这样喂养 12 至 15 天，然后将幼崽一起带到海中，教它们游泳和生存之术。若幼崽游累了，母海豹就把它们放到背上。由于每胎只产两三只幼崽，母海豹的关怀没有过度分散，教育的过程很快就可以完成。此外，这种动物天生聪慧，富有情感，相处融洽，懂得互相帮助。幼海豹可以在群体中辨认出自己的母亲，熟悉母亲的声音，在母亲召唤的时候可以准确无误地赶过去。我们不清楚港海豹的妊娠期有多长，但通过其成长期、寿命和体形大小来推测的话大致是几个月的时间。而根据它们长达数年的成长期推算，海豹的寿命应该相当长。我甚至相信，它们的寿命比人们所能观察到的还要长，也许 100 年或者更长[1]。因为鲸类的寿命比四足动物要长，而海豹介于两者之间，又与鲸类拥有一些相同的特征，因此寿命会比四足动物长。

　　港海豹的声音听上去像嘶哑的狗吠声，年幼的海豹叫声则较为清脆，有些像猫叫。被从母亲身边抱走的幼年海豹会不停叫唤，有时甚至拒绝人类提供的食物，绝食而死。老年海豹对着攻击者吼叫，尽全身力气来啃咬和报复。总之，这种动物很少胆怯，甚至非常勇敢。有人说闪电的光和雷声不但不会吓到它们，反而成为它们的消遣。它们在暴风雨中离开海洋，为了避开波浪的冲击而离开浮冰，来到陆地上兴高采烈地享受狂风暴雨的盛宴。它们天生带有异味，若是一大群聚在一起，人从老远处就能闻到这股气味。当被人们追逐的时候，它们常常会排出黄色的、臭气熏天的粪便。它们体内有大量的血和脂肪，因此身体笨重。它们嗜睡，并且睡眠很深，尤其喜欢在阳光下的浮冰和岩石上睡觉。人们可以在它们熟睡时靠近它们而不会把它们惊醒，这也是最常见的捕捉港海豹的方法。

---

[1] 现在认为雄性港海豹的寿命为 20 ~ 25 年，雌性港海豹的寿命为 30 ~ 35 年。——编者注

旅行者德尼斯（Denis）提到过一种生活在阿卡迪亚^①海岸上的中型海豹。根据杜泰尔特神父的报告，这些海豹从来不会远离海岸。他说，当它们在陆地上的时候，总有一只扮演哨兵的角色；只要哨兵一声令下，所有的海豹都会跳入海中。过一会儿，它们靠近陆地，靠后足竖起身来察看是否还有危险。即便如此，人们还是在陆地上捕捉了大量的海豹。除了陆地捕杀，要想捕获海豹几乎别无他法了。但是，若它们因为潮汐的作用进入海湾，人们就可以轻易地捕捉到大量的海豹：他们用渔网和木桩封住入口，只留下一点很小的缝隙让海豹在涨潮时溜进来，然后在海水退去后堵住仅有的开口，就把海豹留在了陆地上，人们需要做的只是把它们打昏。在海豹大量分布的地方，人们乘小艇追逐它们，等它们头部浮出水面呼吸的时候就朝它们开枪。如果它们只是受伤了，人们就可以轻易捉住它们；但如果它们当场死亡，尸体会先沉下去，人们就派出训练有素的大狗去捞，一直追到海下七八法寻深的地方。

灰海豹（*Halichoerus grypus*）。布丰引述的这种分布在阿卡迪亚的"中型海豹"可能是指灰海豹。灰海豹的体形要比港海豹大，头部的外形也与港海豹明显不同

---

① 阿卡迪亚（Acadia），17至18世纪法国在北美洲大西洋沿岸的殖民地。——编者注

这种动物在岩石上产崽，有时还在浮冰上。母海豹可以在水中给幼崽哺乳，但在陆上哺乳的时候更多。它们任幼崽时不时爬到海中，然后再带它们回陆上来，通过这样的锻炼让幼崽可以游到更远的地方。

海豹不仅为格陵兰岛人提供了衣服和食物，它们的皮还被用来包裹帐篷和小艇。人们还用它们的油来点灯，用它们的肌腱和肌纤维缝补衣物，清洗和削薄它们的肠子来代替窗户上的玻璃，把它们的膀胱用作盛油脂的器皿。他们把海豹的肉做成肉干，在无法狩猎和捕鱼的时候食用。总之，海豹是格陵兰岛人的主要资源，正因如此，岛上的人们一大早就起床去猎捕海豹，而猎获最多的人会像在战争中表现英勇的战士一样享受最高荣誉。

海　象

海象最广为人知的名字是"海牛"[①]，这其实大错特错，因为它看上去丝毫不像陆地上的牛；"海象"这个名字就比较贴切，我们得到了一份独特的标本，这种动物具有非常明显的特征。与大象一样，海象也有两只从上颌伸出的大象牙，以及一个同样畸形的头部；如果海象也有一只象鼻的话，头部这个重要部位就跟大象完全一样了。但海象不仅没有大象当作胳膊和手来使用的鼻子，甚至连真正的胳膊和腿都没有，这些部位跟海豹一样被封闭在皮肤下面，只有前脚和后脚裸露在外。它的身体呈长形，前粗后细，全身覆盖着一层短毛。脚趾都被蹼包裹住，趾甲短而尖，坚硬的唇髭环绕在嘴部四周。它的舌尖分叉，没有耳郭。除去改变头部形状的两只大象牙和缺失的上下切齿，海象的其他部位都跟海豹一样，只是体形更大、更胖，并且更加强壮。最大的海豹也不超过六七法尺，而海象一般长 12 法尺，甚至有些长 16 法尺，腰围达到 8 或 9 法尺。海象还跟海豹居住在同样的地方，人们几乎

---

① 现在认为海象和海牛是两种不同的动物。——编者注

总是同时发现它们。它们有很多相同的习性，可以下水，也可以上陆，都往浮冰上爬，都给幼崽哺乳。而且，它们饮食习惯相同，都过着群居生活，还大批集体迁移。但海象的种类不如海豹多样，不爱远行，更加依赖最初生长的环境，在北部海洋之外的地方很少见。所以以前人们都认识海豹，但认识海象的人则寥寥无几。

《博物学词典》哺乳动物卷中的海象（*Odobenus rosmarus*）插画

频繁造访亚洲、欧洲和美洲北部海洋的旅行者中，大多数人都曾经提到这种动物。其中，佐格德拉热[①]似乎对它有最深的见解。我认为应该在此处呈现他的作品中相关文章的翻译摘选。这部作品是蒙米赖侯爵交给我的。

"我们曾经在霍里森特（Horisont）海湾和克勒克（Klock）海湾见到大量海象和海豹，但如今已经很少见了……它们在夏季炎热的时候迁移到附近的平原上，有时可以见到 80，100 甚至 200 头的队伍，尤其是海象群。它们可以在那里连续停留多日，直到迫于饥饿而回到

[①] 佐格德拉热（Cornelis Zorgdrager, 1660—？），荷兰航海家。——译者注

海里。海象看起来很像海豹，但更为强壮和肥胖。它们的爪上跟海豹一样有五趾，但趾甲更短，头部也更胖更圆。海象的皮肤，尤其是颈部，厚一法寸，皱巴巴的皮上覆有一层短毛，颜色随不同个体而异。它的上颌有两颗长达半古尺①或者一古尺的牙齿，这些长牙根部空心，随着海象年龄的增长而不断变大。有时可以见到一些只有一颗长牙的海象，它们的另一颗长牙因为跟同类的争斗或者衰老而脱落了。海象的牙比象牙更为珍贵，因为海象牙更加结实和坚硬。海象的嘴部看起来像牛嘴，上下都有空心、麦秆般粗细的尖状毛发。嘴巴上面有两个鼻孔，海象可以依靠鼻孔在水中呼气，就像鲸那样，但不发出鲸那么大的声音。它们红红的眼睛闪闪发光，夏天的时候像是要燃烧起来。由于眼睛无法忍受水面的反光，它们在夏季比其他任何时候都喜欢待在平原上……人们经常在斯匹次卑尔根岛②一带发现大量的海象……他们用长枪将它们杀死……他们狩猎海象，靠其牙齿和脂肪牟利：从海象脂肪中获得的油跟鲸油一样珍贵，而两颗海象牙的价值就顶得上全身脂肪。海象牙比象牙还贵，尤其是较大的牙齿，因为它们的构成物质比小牙更加结实坚硬。如果一磅小海象牙卖一荷兰盾的话，一磅大海象牙则可以卖到三四盾甚至达五盾；而一颗中等大小的海象牙大约重三磅……另外，从一头普通海象身体中可以提取半吨油。这样，如果牙齿和油都按每磅三盾来计算的话，一整头海象就可以产出36盾的利润……过去，人们可以在陆地上找到大型的海象群，但我们的船每年都去那里捕鲸，给海象造成很大的惊吓，使得它们大量撤退到远处；停留在原地的那些也不再成群活动，只是留在水中或者零零星星地趴在冰上。当人们乘坐小艇靠近水中或冰上的一头海象时，就会用力将一把特制的鱼叉投向它。通常鱼叉会从它又硬又厚的皮肤上滑下去，但如果穿透了皮肤，人们就用绳索将它拉向小艇，用特制的坚固的

---

① 古尺（aune），法国古长度单位，1古尺约为1.2米。——译者注

② 斯匹次卑尔根岛（Spitsbergen），挪威北部的斯瓦尔巴群岛中最大的岛屿。——编者注

捕猎海豹与海象曾是一项重要的经济活动。这幅制作于1850年前后的插画展示了捕猎海豹、海象的场面和海豹、海象产品的利用方式。大规模的捕猎造成了这两种动物种群数量的锐减。现在，海豹和海象被很多国家和国际组织列为保护动物

长矛刺穿它，将它杀死，然后带到最近的陆地上或者平坦的浮冰上。它通常比一头牛要重。人们先把它剥皮，用斧头把两颗牙从头部剥离，或者为了不损坏牙齿，直接把头砍下放到锅里煮软；之后，再将脂肪切成长薄片，运到船上……海象跟鲸一样难以追踪，即使船加快速度也没用，鱼叉常常都会落空；鱼叉更容易命中鲸，不容易像在海象身上那样滑脱……人们经常用坚固的打磨得锋利异常的长矛投三次才能击穿海象又硬又厚的皮肤。正因为这个原因，人们必须要寻找它身上皮肤绷紧的地方下手，因为弹性大的皮肤很难刺穿。最后，人们采取的办法是用长矛瞄准它的眼睛，迫使它扭头，引起胸部附近的皮肤紧

绷，然后将长矛射向这个部位，但由于海象咬住长矛并且用它或者牙尖伤到人的意外时有发生，因此投出去的长矛需要用最快的速度抽回。但这种小块浮冰上的对抗持续不了多久，因为无论受伤与否，海象都会立刻跳入水中，因此人们更喜欢在陆地上攻击它们……但人们只能在人迹罕至的地方找到它们，比如沃兰岛^①后面的莫芬岛上，霍里森特海湾和克勒克海湾附近的土地以及偏僻的平原和沙滩上，船舶极少能够靠近。即使能发现它们，它们也都因遭遇过的伤害而变得格外警觉，全都紧挨着水边，以便可以随时跳入水中。我曾经亲自去过沃兰岛后面的里夫沙滩，在那里看见一个 30 到 40 头的海象群。其中一些海象紧靠水边，其他的也只是稍微远离岸边。我们在上岸之前停了几个小时，希望等它们往平原方向再走一些之后再靠近；但我们的计划落空了，海象们一直保持着警觉。于是我们乘两只小艇上岸，从左右夹击；它们在我们靠岸的一瞬间就全都逃到水中，导致我们最终不过伤到了几头，而且这仅有的几头也跟我们完全没碰到的海象一起跳到了海里。最后抓住的几只还是靠重新向水里开枪得来的。过去未遭受残害之前，海象们会一直前进到陆地很深的地方，因此，在涨潮时它们仍然远离海水，在退潮时离得就更远了，使得人们很容易靠近它们……人们直接走到它们后方，切断它们的退路，它们眼看着人们准备进攻而毫无畏惧之心；往往每个狩猎者都可以杀死一头来不及回到水中的海象。人们把它们的尸体作为屏障，留几个人蹲守那里以杀死尚留在陆上的海象。有时人们一次就能杀死三四百头海象……从如今地上堆积的数目惊人的骸骨就可以看出，海象的数量曾经极为庞大……当海象受伤后，它们变得愤怒，用长牙四处攻击，可以击碎袭击者的武器或者让武器从手中脱落。最后，它们在狂怒中把头伸到爪子或鳍中间，一路滚到水中……当海象数目多的时候，它们就变得异常勇猛，为了帮助其他的同类会把小艇团团围住，试图用牙齿穿透它或者通过撞击边缘把它掀翻……

---

① 沃兰岛（Worland），现称卡尔王子岛（Prins Karls Forland），位于挪威斯匹次卑尔根岛的西部。后文的莫芬岛（Moffen）则位于斯匹次卑尔根岛的北部。——编者注

此外，这种海中的大象在认识人类之前不惧怕任何敌人，它们知道如何打败格陵兰地区残暴的熊，这种熊是经常去海洋觅食的动物之一。"

看来，海象的分布范围在过去比现在要广阔得多。人们在温带气候区的海洋、加拿大海湾、阿卡迪亚的海岸等地都能找到它们的踪迹。如今它们只居住在北极地区的海洋里：尽管它们只生活在这片寒冷的地带里，但其中人们常去的那些地方也很少能见到海象，在欧洲的冰海、格陵兰的湖泊和戴维斯海峡和其他美洲北部地区也很少见。因为人类在这些地区的捕鲸活动扰乱了它们的生活，致其逃离。从 16 世纪末起，圣马洛①的居民就开始去拉美岛（Ramées）猎捕海象，当时那里的海象数目庞大。不到 100 年前，加拿大罗亚尔港②的居民派船到塞布尔角③和富尔许角④去狩猎海象。海象便远离了这些地区，也远离了欧洲的海洋。只有在亚洲的冰海里，自鄂毕河入海口直到亚洲大陆最东端一带才能发现大量的海象，因为这些地方都人迹罕至。海象在温带的海洋中很少见，那些出现在热带地区和印度洋中的物种跟我们提到的北方的海象并不相同。海象似乎很惧怕南部海洋的温度或者盐分。因为它们从未穿越过南部的海洋，所以我们无法在地球的另一极见到它们，但是在南极可以看到各种大小的海豹，其数目甚至超过了北极地区。

但是，海象在温暖的气候中也可以生存一段时间。埃弗拉尔·沃斯特（Evrard Worst）说他曾在英国见到一头三个月大的海象，每天人们只把它放在水中一小会儿，其他时候它都在地上爬行。他没有说海象由于温热的空气而身体不适，相反地，当人们触摸到它，它会摆出一副

① 圣马洛（Saint Malo），法国北部沿海城市。——编者注
② 此处指加拿大新斯科舍省的安纳波利斯罗亚尔（Annapolis Rogal），曾是法国在北美洲大西洋沿岸殖民地阿卡迪亚的首府。——编者注
③ 塞布尔角（Cape Sable），加拿大新斯科舍半角南端的一个小岛。历史上"塞布尔角"一词曾指的是新斯科舍半岛的整个南端，远远超过一个小岛的范围。——编者注
④ 富尔许角（Cape Forchu），今加拿大雅茅斯（Yarmouth），也位于新斯科舍半岛上。——编者注

强壮的姿态，满怀愤怒，从鼻孔重重地喘气。这只年轻的海象如同小牛一般大小，看上去很像海豹。它头部圆，眼睛大，黑色的鼻孔呈扁平状，可以任意开闭。它没有耳朵，只有两只孔用来听声音。嘴巴开口较小，上颌处有一层软毛组成的胡须，须质干枯。下颌是三角形的，舌头厚而短，两排牙齿排列整齐。前脚和后脚都很大，身体后部与海豹很相似。身体后半部分与其说是适于行走，不如说是适合爬行。前脚朝向前方，后脚朝向后方，每只都分为五趾，外面包裹着一层紧绷的薄膜……它的皮肤厚而坚硬，外面裹着一层又短又细的灰色毛发。它咆哮的声音很像野猪，叫声有时沙哑而响亮。它来自新地岛。这头年幼的海象还没有大牙或者长牙，但是上颌处鼓起一块，像是牙快要长出来的样子。人们喂它燕麦粥或者黍米粥，它会慢慢地吮吸进去。它接近主人需要费很大的力气，还不停地咆哮，但喂食的时候它还是会跟随着主人。

海象

上述观察报告相当准确地对海象进行了描述，同时也让我们知道它们可以生存在温带气候区中。尽管海象似乎无法忍受高温，也从未穿过南部海洋以抵达另一个极地，仍然有一些旅行者声称他们曾经在印度洋中见到过海牛。但是他们口中的海牛是另外一个物种。我们通

133

过长牙可以轻易辨认出海象，只有大象才有跟它一样的牙齿。这是大自然中少见的现象，因为所有的陆生和海生动物中，只有大象和海象有象牙，并且它们都是孤立的物种，独一无二，其他动物没有任何一种具备它们的特征。

我们确信，海象交配的方式不仅与其他四足动物不同，而且完全相反。雌性海象冬天在地面或者冰面上产崽，一般一次只产一头，幼崽一生下来就跟一岁的猪仔同样大小。我们不知道海象的妊娠期有多长，但从生长期及体形来看，应该超过 9 个月[1]。海象无法一直待在水里，为了给幼崽喂奶或者出于其他的需求，它们必须回到陆地上来。当它们要爬到陡峭的海岸上或者爬到浮冰上的时候，它们会用自己的长牙钩住土地或浮冰，用前足支撑笨重的身体前进。有人猜测，海象食用粘在海底的贝类，会用长牙把贝类摘下来。其他人则声称，海象唯一的食物是海中生长的一种大叶植物，不吃肉也不吃鱼。但我认为这些观点都缺乏依据。据观察，海象跟海豹一样会捕食猎物，尤其爱吃青鱼及其他小型鱼类[2]。海象在陆地上时并不进食，正是补充食物的需要才迫使它们回到海中。

在上文的基础上，我们再补充一些克兰茨[3]先生在格陵兰旅行期间观察到的有关海象的现象。

"其中一头海象，"他说，"身长 18 法尺，身体最粗的地方围度也差不多有这么长。它的皮肤不平整，布满了褶皱，尤其是在脖子四周。

---

① 海象的妊娠期为 15～16 个月。——编者注

② 海象食性较杂，但主要以栖息于海底的无脊椎动物为食，吃得最多的是海底的双壳类软体动物。——编者注

③ 克兰茨（David Cranz, 1723—1777），德国神学家、传教士。他曾在格陵兰岛传教并研究当地的自然地理和社会文化，于 1765 年出版了《格陵兰岛历史》（Historie von Grönland）一书。——编者注

它的脂肪是白色的，很结实，跟猪膘一样，厚度大约3法寸。它的头呈椭圆形，嘴巴很窄，人的手指几乎都插不进去。下唇呈三角形，尖尖的末端略微高出两颗从上颌顶出的长牙。两唇和鼻子两侧的皮肤为海绵质，上面长着浓密干枯的胡须，长六七法寸，像三股绳编起来的一样，给海象增添了一种丑陋的庄严感。它主要以食用贻贝和海藻为生。两颗巨牙长27法寸，其中有7法寸隐藏在皮肤和一直延伸到颅骨的牙槽中。每颗象牙重4.5磅，整个颅骨重24磅。"

　　另一名旅行者克拉舍宁尼科夫 [①] 认为，海象（他称之为"海马"）跟海豹一样不会进入淡水，也不会溯流而上进入河流。"在堪察加半岛一带，"他说，"我们很少见到这种动物。即使见到，也是在北部的海洋中。在楚科奇角一带，海象的数目和体形都超过其他所有地方，人们在那里捕捉了很多海象。它们牙齿的价格取决于大小和重量，最贵的重20磅，但这种非常稀少，甚至10至12磅的都很少，一般的象牙都是五六磅左右。"

　　弗雷德里克·马丁（Frédéric Martens）也观察到了这种动物的一些日常习性。他确信这是一种强大而勇敢的动物，会以一种不凡的决心互相保护。"当我打伤一只海象的时候，"他说，"其他海象就围在船的四周，用象牙不断敲击，想把船刺穿。还有海象升到水面上，尽一切努力想要冲进船里。我们在莫芬岛杀死了几百头海象……但被杀的海象通常只有头被人们砍下，象牙被摘掉。"

　　正如人们所知，这种动物组成了大型海象群，在北方的海洋中曾经数不胜数。根据格梅林先生的报告，在1705年和1706年，英国人在

---

① 克拉舍宁尼科夫（Stepan Krasheninnikov, 1711—1755），俄国探险家、博物学家、地理学家。他是第一个完整描述堪察加半岛地理情况的学者。1745年，克拉舍宁尼科夫被选为俄国科学院院士。——编者注

切里岛^① 上 6 个小时之内就杀死了 700 至 800 头海象；1708 年，在 7 小时内杀死了 900 头；1710 年，一天内就杀死了 800 头。他说："人们在海洋边缘地势较低的地方发现了象牙，这些似乎是从死去的海象身上脱落的。有人在斯楚尔斯（Tschutschis）附近发现了大量的象牙，他们把象牙收集起来做成工具使用。"

从这些频繁造访北部海洋的旅行者的叙述中可以看出，人类对这种大型动物造成了毁灭性的伤害，它们如今的数目远不如昔，并撤回到了狩猎者较少踏足的北方地区。过去它们大量聚居的地方如今已经看不到它们的踪迹。我们看到，它们跟海豹以及其他海陆两栖的动物一样，在天性的驱使下群聚而居，形成了某种社会。然而人们摧毁了这些社会，使得这些动物如今都分散在各处，只有在偏僻且不为人知的土地上才能聚集起来。

儒　艮

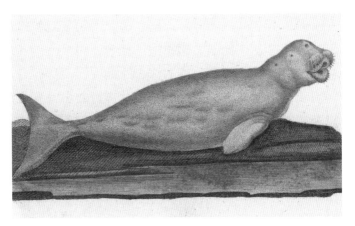

《博物学词典》哺乳动物卷中的儒艮（*Dugong dugon*）插画

---

① 切里岛（Cherry Island），即今挪威熊岛（Bear Island）。——编者注

儒艮生活在非洲和东印度的海洋中。我们只亲眼见过两颗儒艮的头，一颗只是骨骼，一颗被截去了一部分。从头部来看，儒艮跟海象的相似度超过其他所有的动物：它的头部同样因牙槽过深而变形，上颌牙槽深处长出了两颗半法寸长的长牙；这两颗牙不是獠牙，更像是大型的切齿，但没有像海象的牙齿一样直接伸出嘴外；它们更短，更细，位于颌骨的前方，像切齿一样紧挨着，而不是像海象的两颗长牙那样相隔甚远。并且，儒艮这两颗牙并不是位于上颌骨的顶端，而是在其旁边。儒艮的臼齿在数目、位置和形状上也有别于海象。因此，我们可以确定这是一个不同的物种。有一些提到儒艮的旅行者把它跟海狮混淆了。英迪格·德比耶维拉斯（Inigo de Biervillas）说人们在好望角附近杀死了一头 10 法尺长、4 法尺粗的海狮，它的头部跟一岁的小牛差不多，大眼睛很吓人，耳短，胡须竖起，脚很大，腿很短，以至于腹部可以触碰到地面。他还补充说，人们拿走了它伸出嘴外半尺多的两颗长牙。最后这个特征与海狮完全不相符，因为海狮并没有长牙，而这个动物的长牙跟海豹的牙齿很相似。这一点让我断定，这并非海狮，而是我们称为"儒艮"的动物。还有一些其他的游客用"海

儒艮

熊"的名字称呼这种动物。斯皮尔伯格（Spilberg）和德曼德斯罗[1]说："在非洲的海岸线上的圣伊丽莎白岛，有一些应该被叫作海熊而不是海狼的动物，因为它们的毛发、颜色、头部都像熊，只有吻部更尖些；它们的动作和姿态也更像熊，除了拖着后腿走的姿态以外。此外，这种水陆两栖的动物外表丑陋，见到人类也不逃走，用力啃咬起来甚至可以咬断三叉戟的杆。尽管后腿无法站稳，它们行进的速度依然很快，人类跑起来也几乎追不上它。"勒加[2]说他曾经在好望角附近见到过一头橙黄色的海牛，它的身体圆而厚实，眼睛很大，牙齿或者说獠牙很长，吻端翘起。他补充说，因为这只动物在水中，他只能看到前半身，一个水手跟他保证说它是有脚的。在我看来，勒加看到的海牛、斯皮尔伯格看到的海熊以及德比耶维拉斯见到的海狮其实都是儒艮。有人从**法兰西岛**[3]送来了一颗儒艮的头。这种动物生活在南部的海洋中，从好望角一直到菲律宾群岛一带。此外，我们不能确定这种头部和长牙像海象的动物是不是也有四只脚。我们只能通过类比法和根据旅行者的描述做出推测，认为它是有四足的。

---

① 德曼德斯罗（Johan Albrecht de Mandelslo，1616—1644），德国探险家。——编者注

② 勒加（François Leguat，约 1637—1735），法国探险家、博物学家。——编者注

③ 法兰西岛（Isle de France），即今毛里求斯岛，1715 年至 1815 年法国人占领毛里求斯岛期间曾用此名。——编者注

蝙蝠

蝙　蝠

选自《博物学家袖珍志》（*The Naturalist's Pocket Magazine*）的蝙蝠插画，这幅插画据说复制自布丰的著作。插画描绘的是墨西哥兔唇蝠（*Noctilio leporinus*，也称牛头犬蝙蝠、食鱼蝠）

　　同为造物主的作品，一切生物应该是同等完美的。但在我们看来，生物却有着完善与残缺或畸形之别。前者外形完整，令人赏心悦目，因为身体各部分组成了一个和谐的整体，躯干和四肢比例匀称，动作协调，身体灵活。后者则相貌丑陋，有害于人，并且习性诡异，外形与我们先入为主并作为评判标准的一般形态相差甚远。人头、马颈、覆盖着羽毛的身体、鱼尾，当这些结合在一起的时候，我们眼前出现的是一个丑八怪的形象，因为在它的身上拼接了大自然中最风马牛不相及的几个部分。蝙蝠这种动物，半兽半鸟而又非兽非鸟，可以说是将两个迥异物种的属性拼接到一起而形成的怪物，不属于自然界生物划分的几大类别中的任何一类。这种动物不是完全意义上的四足兽，更不是完全意义上的鸟类。四足动物应该有四只脚，鸟应该有羽毛和翅膀。蝙蝠的前足尽管可以用来飞翔和爬行，但既不是足部也不是翅膀，只是一种畸形的肢体末端，里面的骨头被极度拉长，然后被一层膜连接在一起，膜上跟身体其他部位一样没有羽毛或毛发覆盖。蝙蝠的前足相当于翅尖，或者叫作翅足，短短的拇指末端有趾甲，其他四趾修长，几乎连为一体，只能协作运动，没有各自独立的功能。这种动物前足比后足大十倍，比它的整个肢体也要长四倍。总而言之，蝙蝠更像是造物者心血来潮的结果，而不是常规作品。覆住胳膊的膜形成了蝙蝠的前足或者说翅膀，并与身体皮肤连为一体，覆盖了后腿甚至尾巴，而它的尾巴通过这种奇特的结合变成了蝙蝠众多脚趾中的一个。除去身体和四肢奇特的组合和失调的比例，蝙蝠头部的畸形甚至更加严重：有的蝙蝠鼻子几乎不可见，耳郭旁边深陷的眼睛与脸颊几乎分不清楚；有的蝙蝠耳朵与肢体一样长，面部状如马蹄铁，鼻子上有脊状褶皱。大多数蝙蝠的头上都有四块耳屏。蝙蝠眼睛很小，暗淡无光，鼻子就是未成形的鼻孔，嘴巴从一只耳朵一直咧开到另一只。所有的蝙蝠都惧光，四处躲藏，居住在阴暗的地方；它们昼伏夜出，临近天亮的时候就回到住处贴在墙上。它们在空中的运动与其说是飞翔，还不如说是无目的的盘旋，看起来费力而笨拙。它们艰难地从地面起飞，从不在高空飞行，加速、减速甚至控制方向都不能尽善尽美；飞行的速度不快，不能沿直线飞行，翅膀沿着倾斜而曲折的方向生硬地摆动。飞行时，它们将途中遇到的小苍蝇、库蚊和夜蛾整只吞食，我们在它们的粪便中发现了翅膀和其他无法消化的干枯的躯干残留物。有一天，我去阿尔西①的岩洞里察看钟乳石，在如此黑暗的地下深处的一片大理石地上，我很吃惊地发现了一种完全不同类型的地质。这是一层厚厚的堆积物，黑色质地，厚约几法尺，几乎全部由苍蝇和蝴蝶的翅膀、足部的残骸组成。看上去，这些昆虫仿佛大量结伴而来，然后一起死亡和腐烂。实际上，这是蝙蝠的粪便在这个地下洞穴经年堆积的结果。看来这里是它们钟爱的居所，因为在长达半法里多的洞穴中，除了这里之外没有发现类似的堆积物。我认为蝙蝠曾经把这里当作聚居地，因为这里尚有一束从洞口传来的微弱光线，不像洞穴最深处那般伸手不见五指。

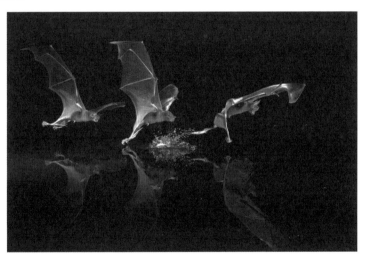

蝙蝠种类繁多，食性多样，有的蝙蝠以昆虫为食，有的蝙蝠以果实、花蜜、蛙类、小鱼甚至其他蝙蝠为食，也存在吸食动物血液的蝙蝠。布丰著作中描绘的墨西哥兔唇蝠就以小鱼为食。本图是使用高速摄影技术拍摄的兔唇蝠捕鱼画面

　　蝙蝠是四足动物，除了会飞之外与鸟类没有其他的共同点。但由于飞行要求肢体上部和后肢有极强的力量，蝙蝠胸部的肌肉比任何四足动物都健壮发达，所以我们可以说蝙蝠仍然与鸟类类似。而它们身体构造的其他部分无论内外都与鸟类不同，肺部、心脏、生殖器官以

① 屈尔河畔阿尔西（Arcy-sur-Cure），法国勃艮第大区约讷省的一个市镇，有多处岩洞。——编者注

141

及其他脏器都与四足动物类似。它们跟四足动物一样胎生，有牙齿和乳房。我们肯定，雌蝙蝠每胎只生两只幼崽 [1]，即使在飞行中也可以载着幼崽哺乳。蝙蝠在夏季交配和分娩，因为它们到了冬季就变得迟钝。它们有的把翅膀当作大衣围住身体，通过后足挂在拱形洞顶上，保持悬挂的姿势不变；有的贴在墙上或者躲在洞中，总是很多只靠在一起以取暖。它们整个冬天不吃不动，一直到春天才醒来，等到秋末的时候再把自己藏起来。与严寒相比，饥饿对它们来说是件小事，它们可以几天不吃东西。但是，它们是肉食动物，如果它们进入配膳室，会攀在肥猪肉悬挂区，然后开始吃肉，无论这些肉是生是熟、新鲜与否。

狐蝠、马斯克林狐蝠和吸血蝙蝠

狐蝠 [2] 和马斯克林狐蝠 [3] 是两个不同的物种，但由于二者十分相近，外形也非常相似，因此将它们一起介绍。它们之间的区别只在体形大小和毛发颜色上：狐蝠毛发为棕褐色，从吻部末端到尾巴根部长 9 法寸，薄膜形成的翅膀展开时达 3 法尺；马斯克林狐蝠毛发则呈棕灰色，身长 5.5 法寸，翅膀展开时长 2 法尺。马斯克林狐蝠的脖子上有半圈略带橙色的鲜红毛发，是狐蝠脖子上看不到的。这两种狐蝠生活在旧大陆近乎相同的热带气候中，在马达加斯加岛、留尼汪岛、特尔纳特岛、菲律宾群岛、印度群岛的其他岛屿上都发现过它们的踪迹。这些岛屿上的狐蝠比相邻大陆上的还要多。

在新大陆最热的地方，我们发现了另外一种会飞的四足动物。它在美洲的名字没有传到我们这里，于是我们给它起名为"吸血蝙蝠"，

---

① 现在认为蝙蝠每胎一般只生育一只幼崽。——编者注

② 布丰原文用词为 Roussette，该词现指狐蝠科下的果蝠属，此属有十多个种。——编者注

③ 原文用词为 Rougette，该词被法国探险家们用来命名发现于马斯克林群岛的一种蝙蝠。这种蝙蝠学名为 *Pteropus subniger*，俗名有马斯克林狐蝠、小毛里求斯狐蝠、暗黑狐蝠等，现已灭绝，仅有标本存世。——编者注

因为它吸食睡眠中的人类和动物的血液，并且造成的痛感不至于使他们惊醒。这种美洲动物与狐蝠和马斯克林狐蝠是不同的物种，后二者都生活在非洲和南亚。吸血蝙蝠体形小于马斯克林狐蝠，而马斯克林狐蝠小于狐蝠。吸血蝙蝠飞行时看起来跟鸽子一般大小，马斯克林狐蝠跟乌鸦一般大，狐蝠跟大母鸡一般大。马斯克林狐蝠和狐蝠头部形状美观，耳短，圆圆的吻部和狗十分相像。而吸血蝙蝠吻部更长，面部丑陋，是蝙蝠中最难看的；它的头部奇形怪状，顶着两只硕大的竖直的耳朵，朝外洞开；鼻子畸形，鼻孔状如漏斗，上面有一层角状或者尖脊状的薄膜，使其脸部显得更加怪异。由此，我们可以确定这是与狐蝠和马斯克林狐蝠不同的物种。吸血蝙蝠不仅外形不堪，而且还作恶多端，骚扰人类，折磨和杀害动物。最可信、时间再近不过的例子就是德拉孔达明[1]的描述。他说："这些蝙蝠吸食马、骡的血液，甚至连睡在户外的人也不放过。这种害鸟在美洲大多数热带地区都很常见，有的体形巨大。它们完全消灭了传教士引入博尔哈（Borja）和其他地区的、刚刚开始增殖的大型畜类。"这一说法被多位历史学家和旅行者证实。皮特·马特[2]在南美被征服后不久写道，在达连地峡的土地上生活着吸食睡眠中人畜血液的蝙蝠，它们会把血吸干，致使人畜死亡。胡米莉亚（Jumilla）、唐乔治·璜（Don George Juan）、唐安东尼奥·德乌略亚（Don Antoine de Ulloa）也肯定了这一点。比照上述这些人的证词可以得知，这种吸血蝙蝠在南美地区数目庞大，十分常见。目前为止，我们还没有获得这种蝙蝠，但是在西巴[3]的著述里可以看到它的画像和介绍。它的鼻子外形十分奇特，然而让我惊讶的是旅行者们对这一最显眼的特点视而不见，似乎见怪不怪，在讲述中也只字未提。所以，也许西巴画像上的动物与我们提到的"吸血蝙蝠"并不是一回事；或者画像不属实，有夸张的成分；或许这丑陋的鼻子只是偶然的突变，

---

① 德拉孔达明（Charles Marie de La Condamine，1701—1774），法国探险家、科学家。——译者注

② 皮特·马特（Pierre Martyr，1457—1526），西班牙作家、历史学家。——译者注

③ 西巴（Albertus Seba，1665—1736），荷兰药剂师、动物学家。——编者注

尽管这种鼻子的变异在其他种类的蝙蝠中也有表现为稳定特征的。一切困惑与未知都交给时间去解答吧。

达尔文（Charles Darwin）的《比格尔号科学考察动物志》（*The Zoology of the Voyage of HMS Beagle*）中的吸血蝙蝠插画

　　皇家花园陈列馆现在饲养着来自留尼汪岛的狐蝠和马斯克林狐蝠。这两种生物只生活在旧大陆上，其中以非洲和亚洲数目为众；而吸血蝙蝠主要分布在美洲大陆上。狐蝠和马斯克林狐蝠比吸血蝙蝠体形更大，更为强壮，或许也更加凶恶。它们不分日夜地搞破坏，杀死家禽和小型动物，甚至还袭击人类，在人脸上咬出血肉模糊的伤口。但没有人提到过它们会吸食睡眠中的人畜的血液。

　　以前的人们对这种会飞的四足怪物认识不足。神话中的鸟身女妖很有可能就是受到大自然中这些可怕的诡异物种的启发而来的。翅膀、牙齿、爪子，残忍、贪婪、卑劣的性格，鸟身女妖一切丑恶的特征都跟狐蝠很相似。希罗多德①似乎提到过狐蝠，说有一些大型蝙蝠总是侵扰亚洲沼泽周围采摘山扁豆的人们，使他们不得不用皮革遮住身体和

---

① 希罗多德（Herodotus，约公元前484—约公元前425），古希腊作家、历史学家，被称为"历史学之父"。——译者注

脸部，以免被咬。

灰头狐蝠（*Pteropus poliocephalus*）

狐蝠是肉食动物，很贪食，什么都吃。① 当没有鲜肉或鱼肉时，它们就吃各种各样的植物和水果。它们还喝棕榈树的汁液，如果在它们栖息处附近放置盛满棕榈树汁或其他发酵饮料的容器，就能轻而易举地把它们灌醉并将其捕获。它们用指甲钩住树木以悬挂在上面，通常结队行动，夜晚活动的时候比白天多。它们避开人多的地方，居住在沙漠或者无人的荒岛上。雌性狐蝠胸部有两只乳房，一胎数目很少，但每年繁殖一次以上。这种动物的肉（尤其是青壮年蝙蝠）味道不错，印第安人相当喜欢，认为它们吃起来与松鸡、兔子差不多。

去过美洲的旅行者一致认为，新大陆上的这种大型蝙蝠会趁人畜睡觉的时候吸食他们的血液而不惊醒他们。去过亚洲和非洲的旅行者

① 现代动物分类学中的狐蝠科成员大都为植食性动物，主要以果实、花蜜等为食。——编者注

提到过狐蝠或马斯克林狐蝠，但并没有提到这一特殊现象。但是，没有说不代表不存在，况且在我们称为"吸血鬼"的蝙蝠身上有着太多与狐蝠相似的特征。我们认为，应该研究一下为什么它们可以在吸血的同时不会造成足以惊醒睡眠中的人类的痛感。如果它们用跟同体积的四足动物一样粗大锋利的牙齿划破皮肤的话，哪怕睡眠再深的人也会突然惊醒，何况比人类睡眠浅的动物。用指甲划破皮肤也是一样。能在皮肤上留下微小的伤口，打开血管后吸食血液而不引起剧烈疼痛的，只有可能是舌头。我们还没机会见到吸血蝙蝠的舌头，但多邦东先生曾经仔细检查过狐蝠的舌头，证实了上述猜测的可能性。狐蝠的舌头很尖，上面有一层极细的锋利倒刺，可以刺入皮肤毛孔中，将孔隙扩大并伸到深处，使血液随着舌头的持续吮吸顺畅地流到嘴里。这是基于一定思考和推理的结论，毕竟我们对全部情况不甚了解，而那些作者传递给我们的信息有可能是夸张或者不实的。

德拉尼克斯[①]先生说："野生的狐蝠和马斯克林狐蝠生活在法国的各处岛屿、留尼汪岛和马达加斯加岛上。50年前（当年为1772年），我曾居住在留尼汪岛上。1722年9月我到达岛上的时候，这种动物还相当常见，即使在人们的居住区里都经常见到；而现在那里已经很少能看到它们了。这一现象很正常：一、当时，人类居住区离森林不远，而如今的森林已经减退到离居住区很远的地方，以森林为生的蝙蝠自然不多见了。二、狐蝠是胎生，每年只生一只幼崽。三、在整个夏秋季节和冬天的部分时间里，年轻人大量狩猎狐蝠以获取肉和脂肪，还有幼年蝙蝠。白人使用火枪，黑人则用猎网。这一物种应该是在极短的时间内迅速减少的，剩下的撤离了人类居住区，退回到无人烟处，前往岛屿深处。它们一旦被逃亡的黑人奴隶捉住，就没有存活的可能了。

① 德拉尼克斯（Jean-Baptiste François de la Nux，1702—1772），曾在法属留尼汪岛居住，并担任法兰西科学院在该地的通讯员。他有七封学术通信传世，介绍了留尼汪岛及其周边海域、岛屿的自然、地理和天文情况，被很多学者引用。——编者注

"在这里，狐蝠的发情期在五月，也就是秋季中旬。幼崽大约出生在春分一个月后。因此，妊娠期为四个半月到五个月。我不知道幼崽成长需要多久，但大致是在冬至时达到成熟，也就是出生八个月之后。四月和五月过去后，就见不到小狐蝠了，不过通过毛发的颜色很容易区分出年老和壮年的狐蝠，后者毛发更加亮丽。当狐蝠日渐年长，肌肉也变得更硬，尤其是雄性，因此看起来很强壮。只有黑人能吃这种除了脂肪之外其他部分都不好吃的狐蝠。一般而言，狐蝠从春末到冬初都会大量储存脂肪。

　　"狐蝠和马斯克林狐蝠身体丰腴，这不是食用某些动物的肉的结果，它们甚至根本不吃肉，肉类完全不在它们的膳食范围之内。简而言之，它们不是肉食动物，只吃植物的果实。香蕉、桃子、番石榴等各类森林中随季节生长的水果，还有各种浆果，这些才是狐蝠和马斯克林狐蝠的食物，除此之外别无其他。它们还对一些伞形花序的花朵汁液情有独钟，比如藏蕊花中少量的花蜜。这类花朵在一月和二月大量盛开，盛夏尤其，把大批狐蝠吸引到岛的低地上来，它们所到之处，散落的雄蕊满地都是。博学的多邦东先生曾经准确地描述过它们的舌头的形状，其形成原因很有可能就是为了吸食伞形花序花朵或者其他类别花朵的花蜜。我注意到芒果果皮可以产脂，而狐蝠从不接触这类水果。人们给捉住的狐蝠喂面包、甘蔗等等，但不清楚是否也喂肉，尤其是生肉。但无论狐蝠是否吃肉，这都是在被俘的情形下，是我所不列入考虑范围的，因为被俘后动物的习性、特征、习惯都会有很大改变。现实生活中，人们完全不用担心狐蝠会威胁到自己或者自己的家禽。别说母鸡了，狐蝠连最小的小鸟也不会掠走，它们无法像隼或者鹰一样扑上去袭击猎物。如果距离地面过近，它们会落在地上，除非攀上支撑物——任何支撑物都可以，否则无法再起飞。它们甚至连碰到的人类也不放过，可以靠攀附人的身体起飞。一旦落在地上，它们只能狂躁地在地面缓慢挪动，并且坚持的时间非常短，所以它们很

147

不适合行走。它们想捉树枝上的鸟吗？瞧瞧它们为了往翅膀里鼓足风起飞而不得不从树枝的一端跑到另一端的窘样，就知道它们是不可能捉住鸟的。为了更好地表达我的意思，我必须说明：这种动物没法像鸟类一样起飞，它们必须在爪子松开悬挂的地方之前，用力多次扇动翅膀。经过艰难的滑翔后，身体的重量会使其下坠，然后它们在空中滑出一个弧形，再次上升。但是，它们所处的地方并不是每次都适合翅膀自由扇动，比如周围树枝靠得太近就会妨碍起飞，这种情况下，它们就在树枝上奔跑，一直到可以安全起飞为止。一群狐蝠一起飞行时，常常会被闪电、枪声或者突然出现的稻草人、中等高度（比如 20 到 30 法尺）的树木、它们身体上方的树枝惊吓到，常常会有几只由于没有足够的气流支撑飞行而落到地上。这时，它们会立即爬到附近的树上，一直向上爬，直到足以起飞为止。据一些旅行者回忆，曾经有一些狐蝠突然落到他们的屋顶上，而他们对这种陌生动物的外形和面貌感到恐惧，便开始驱赶它们；其中一个人被一两只狐蝠攀到身上，想要甩开它们却没成功，被抓伤甚至咬伤。这些并不说明狐蝠是凶残的动物，会扑向人类，抓伤他们的脸部，噬咬他们，而只不过是两种互相害怕对方的物种的偶然相遇。上面曾经提到过，狐蝠需要生活在森林中，那次遭遇是它们出于自卫的本能在寻找森林，而不是由于性格野蛮凶残。除了上面对于狐蝠和马斯克林狐蝠的介绍，我还要补充一点，即它们从不食腐，正常状态下也从不在地面上进食，只有在悬挂状态下才会进食。这点打破了人们认为它们食肉、贪婪、凶恶、残忍等等之类的偏见。狐蝠和马斯克林狐蝠的飞行非常笨重和嘈杂，在接近地面的时候尤甚，而吸血蝙蝠的飞行轻盈和安静很多。从这一点上看，吸血蝙蝠与前两个物种之间的距离更远了些。

"有时，人们看到狐蝠像燕子一样掠过水面，便认为它们会捕鱼来吃。这顺理成章，因为人们觉得它们什么都吃。但对它们来说，这种肉类并没有比其他肉类好到哪儿去。重申一次，它们只吃植物。它们从水面擦过只是为了洗澡。跟地面相比，它们可以更加贴近水面，因为地面的阻力会影响翅膀的振动，而在水面上翅膀可以自由扇动。毫无疑问，上述现象证明了狐蝠爱干净的天性。我见过很多狐蝠，也杀死过很多只，但从没见过一只狐蝠身上有任何污垢。它们跟一般的鸟类一样干净。

《博物学词典》哺乳动物卷中的两张狐蝠科蝙蝠插画。上方是抱尾果蝠（*Rousettus amplexicaudatus*），下方是小巽他裸背果蝠（*Dobsonia peronii*）

149

"狐蝠不是那种让人觉得漂亮的动物，甚至近处看到它们的动作会使人心生厌恶。在我们眼中，只有一个角度、一种姿势是对狐蝠有利的，使它看上去令人愉悦，使丑陋和畸形的部分都消失不见。当它们挂在树上的时候，头部朝下，翅膀折叠起来覆盖住身体，刚好掩盖了它畸形的翼翅和靠利爪悬挂在树上的后足。我们能看见的只是一个圆滚滚、深棕色皮毛、非常整洁、色泽美丽的身体，和一个面孔精巧、表情生动的头部。这是狐蝠休息时的唯一姿势，也是它们白天维持时间最长的姿势。关于观察角度，这要靠我们来选择：最好是使其看起来是实际大小的一半的角度，即狐蝠距地面 40 到 60 法尺高、人距狐蝠 150 法尺左右的地方。想象一下这样的画面：一棵大树的树冠四周或者中央簇拥着 100 个、150 个甚至 200 个这样的"花簇"，只有在风吹动树枝时才会摇动几下。这画面在我看来有些古怪，但也令人感到愉悦。在藏品最丰富的自然博物馆中，人们往往将狐蝠翼翅完全舒展开的姿势摆出来，但这样在展示出它的动作的同时，也暴露了它所有的丑陋之处。我认为，如果可能的话，应该将其中几只摆成自然休憩时的姿态，从侧面或者下方观赏。

"我最后要说的是，狐蝠和马斯克林狐蝠是健康的食物。尽管人们多次过量食用它们的肉，但从未听说过有人因此身体不适。这并不令人讶异，因为人们很清楚，这些动物仅仅以成熟的水果、果汁、花朵为食，或许还吸食多种树木渗出的汁液。我曾经对此深感怀疑，但希罗多德的文章说服了我。不过，我还没有看到可以充分证明其真实性的证据。"

食虫兽

鼹　　鼠

　　鼹鼠不是瞎子，但它的眼睛很小，并且被皮毛遮住，视力几近退化；作为补偿，慷慨的大自然给予了它第六感。从这个角度来看，鼹鼠是所有动物中最有天赋、身体器官最全的，因此相应的感官能力也最强。此外，它还有敏锐的触觉，毛发如丝般柔软，听觉也十分灵敏，前足上长着与其他动物的脚趾差别很大的五趾，几乎类似于人类的手。它有着超出其体形的力量，皮肤坚硬，周身丰满圆润，异性之间有很强的依赖感，对异类充满畏惧或者厌恶。它享受安静和孤独，拥有时刻保证自身安全、迅速找到一个避难所或住所的本领，可以轻轻松松将住所扩大，不用出门就找到足够的食物。这就是鼹鼠的天性、习惯和才能，显然，它们比那些更耀眼的才华更有价值，因为最深的黑暗给鼹鼠带来的幸福感，是耀眼的才华无法给予的。

　　鼹鼠封住自己居所的入口，几乎从不外出，除非夏天的暴雨灌满洞穴，或者园艺工人的脚把洞顶踩塌。它在牧场里制造一个圆拱形的顶，常常在花园里挖掘长长的隧道，因为被耕耘过的松软土地比坚固而树根交织的林地更加容易分离和松动。它不会在泥地或者坚硬紧实、多石子的地里停留，需要生活在松软的布满可食用根茎的土地里，尤其还要有大量的昆虫和爬虫，因为这些是它们的主要食物。

《博物学词典》哺乳动物卷中的美洲鼹（*Scalopus aquaticus*）插图

由于鼹鼠很少离开地下的居所，它们轻松避开了食肉动物，敌人很少。它们最严重的灾难来自河流的泛滥；人们看到大量鼹鼠在洪流中游泳逃跑，拼尽全力爬到更高的土地上，但是大多数都和幼崽淹死在洞中了。除此之外，它们增殖的能力给人类带来很多烦恼。它们在冬季快结束的时候交配，孕育期不长，因为五月的时候就出现了很多幼崽，通常一胎有四五只。在它们翻起的大量土块里，我们可以很轻易地认出那些分娩地上方的土块；这些土块是精心制造的，通常比其他土块更大更高。我认为这种动物一年繁殖一次以上，但我没法证实我的看法。可以确定的是，人们在四月至八月都能看到鼹鼠的幼崽。这也有可能是因为有些鼹鼠交配得比较晚。

鼹鼠分娩的场地很值得描述一番。这个住处的设计简直匠心独运：鼹鼠们首先推土，升高土地，制造一个较高的屋顶；它们在中间留下隔板，每隔一段距离就放一些类似支柱的东西；然后，它们拍打土地，把土地夯实，往里面混入一些草和根茎，使下方的土地变得坚固无比，而屋顶的拱形结构和坚硬的质地也杜绝了水的侵入。之后，它们在下方制造一个土丘，在上面铺上草和叶子，给幼崽做一张床。这时它们处于平地以上的高度，因此一般的洪水无法伤害它们；同时，土丘上方的屋顶也替它们遮挡了雨水。这个土丘四周的斜坡上有多个洞，一直延伸到下方，形成四通八达的地下通道。通过这些地下通道，母鼹鼠就可以出洞去给幼崽寻找食物。这些地下隧道是封闭的，很坚固，一直延伸到 30 至 37.5 法尺远，像光线一样从鼹鼠的家里放射出去。在这些小道和屋顶下面，我们发现了秋水仙的鳞茎碎屑，显然，这是母鼹鼠给孩子喂的第一种食物。母鼹鼠离开洞穴出去都不会走得太远。了解这一规律之后，我们知道，最简单和最安全的捕捉母鼹鼠及其幼崽的方法就是在洞穴外做一道环形的沟渠，围住整个洞穴，并堵死所有地下通道的入口。但是，鼹鼠只要听到一丁点声音就开始逃窜，而且总是会带着幼崽一起逃跑，因此需要三四个男人一起用铁锹将土丘整个挖起，或者在最短的时间里在土丘上迅速挖一道沟，然后捉住它们或者在出口守着它们。

《博物学词典》哺乳动物卷中的星鼻鼹（*Condylura cristata*）插图

有一些作家毫无根据地说，鼹鼠和獾在整个冬天都不吃不喝地睡觉。獾在冬天会和在夏天一样离开洞穴寻找食物，它们留在雪上的踪迹就是最好的证据。而鼹鼠在整个冬天几乎不睡觉，跟夏天一样不停地推土，乡间的人们甚至有这样一句谚语："鼹鼠推土，解冻将至。"

事实上，它们在寻找最暖和的地方——园艺工人常常在十一月、一月和二月的时候，在睡床附近的土层里找到鼹鼠。

鼹鼠几乎只在农耕国家见得到，从不生活在干燥的荒漠或寒带地区，因为寒带的土地一年中大部分时间都是冻结的。被我们叫作"西伯利亚鼹鼠"的动物有着绿色和金色的毛发，是不同于鼹鼠的另一个物种，大量分布于瑞典至柏柏尔地区。我们没有从热带地区的旅行者口中听到过关于鼹鼠的描述。美洲的鼹鼠也有所不同。弗吉尼亚州的鼹鼠跟我们的鼹鼠很相似，除了毛发的颜色中混杂着深紫色；而美洲红鼹鼠完全是另一种动物。我们的鼹鼠大家庭中只有两三个变种，有的毛发接近棕色，有的接近黑色；我们还发现过通体白色的鼹鼠，西巴也提到过生长在东弗里西亚①的一种黑白斑点的鼹鼠，体形比正常鼹鼠稍大一些。

鼩鼱

鼩鼱在小型动物的行列中起到了过渡作用，填补了老鼠与鼹鼠之间的位置。后面这两个物种体形都很小，但外形差异较大，总体来看是相隔很远的物种。

鼩鼱比小鼠还要小，很多部位与鼹鼠很像：比如吻部，它的鼻子比下颌要长出许多；比如眼睛，它的眼睛跟鼹鼠一样长得很隐蔽，虽然更大一些，但比小鼠的眼睛小很多；比如脚趾，它每只脚各有五趾；比如腿，尤其是后腿，比小鼠要短。尾巴、耳朵、牙齿也都相似。这种极袖珍的动物散发着一股独特的强烈气味。猫对这种气味非常反感，会捕捉和杀死鼩鼱，但不会如吃老鼠那样吃掉它们。显然，这种难闻的气味和猫对此表现出的厌恶造成了人们对于鼩鼱的偏见：

① 东弗里西亚群岛（East Frisian Island），德国北部北海沿岸的一个群岛。——编者注

人们认为它会分泌毒液，家畜（尤其是马）被它咬伤的话会很危险。然而，鼩鼱既没有毒，也不具备张口啃咬的能力，因为它的嘴巴不够大，无法咬住其他动物的两层皮肤，而这是啃咬必需的条件。至于马的病，人们通常把它归咎于鼩鼱的牙齿，但这实际上是一种肿胀，一种痛，是内因引发的，与鼩鼱的啃咬或者更确切地说是"叮咬"无关。一般情况下，尤其在冬天，鼩鼱居住在干草仓、马厩、谷仓、储肥场里，以谷物、昆虫和腐肉为食。人们常常在田野和树林里见到它们，它们在那里以吃种子为生。它们还藏在苔藓下、树叶下、树干下，有时也在鼹鼠舍弃的洞穴或者自己用趾甲和吻部挖掘的更小的洞穴中居住。

《博物学词典》哺乳动物卷中的鼩鼱（*Sorex araneus*）插图

鼩鼱繁殖数目惊人，据说与小鼠一样多，不过不如小鼠那么频繁。它的叫声比小鼠尖锐，但动作远不如小鼠灵活。人们可以轻松捉住它，因为它视力很差，逃跑很慢。鼩鼱的颜色是混杂着橙黄的棕色，不过也有一些灰白色的和接近黑色的，几乎所有鼩鼱的肚子下面都是浅白色的。它们在整个欧洲十分常见，但在美洲似乎尚未发现。生活在巴西，被马格拉夫[1]称作鼩鼱的动物有着非常尖的吻部，背上有三条黑带，体形更大，似乎和我们的鼩鼱不是同一物种。

①　马格拉夫（Georg Marcgrave，1610—1644），德国博物学家、天文学家。——译者注

鼩鼱

刺猬

　　有句谚语说，狐狸做很多事情，而刺猬只做一件大事。刺猬不作战就能防御，不攻击就能伤敌。由于力量微弱，身体笨拙，无法逃跑，刺猬从造物主那里获得了一种多刺的盔甲，它可以蜷成一个球，用尖刺全方位武装起来，使敌人望而生畏。敌人越是晃动它，它就抱得越紧，把刺高高竖起。此外，它感到恐惧的时候，会将尿液洒满全身，通过黏稠的尿液及其气味令敌人反胃，从而起到防御的效果。大多数的狗都是对着它狂吠，但不会上前捕捉。不过，也有一些动物，比如狐狸，宁愿脚被刺伤、满口流血也要和刺猬纠缠到底。刺猬既不怕石貂，也不怕黄鼠狼、白鼬或者猛禽。雌性和雄性刺猬都从头至尾武装着尖刺，只有身体下方覆盖着毛发。这种武器在有利于作战的同时也给它带来了不便：在交配的时候，它们不能像其他四足动物一样，而必须站着或者面对面躺着。它们在春天寻找异性交配，在夏初生产。经常有人在六月给我送来雌刺猬和它的孩子，幼崽通常有三四只，有时五只。

小刺猬一开始是白色的，皮肤上刚刚开始长刺。我曾经想饲养几只，好几次把刺猬妈妈和它的孩子们放到一个木桶里，在里面放上充足的食物。结果，刺猬妈妈没有给孩子喂奶，反而把它们一个个都吃掉了。这不是出于饥饿，因为它肉、面包、麸皮、水果都吃。很难想象，如此缓慢和懒惰的一种动物会在被囚后，在除了自由什么都不缺的情况下，变得如此暴躁和愤怒。它们还有着猴子一般的狡猾。有一只刺猬溜到了厨房里，发现了一只小锅，把锅里的肉拖出来，然后在锅里面排便。

《博物学词典》哺乳动物卷中的普通刺猬（*Erinaceus europaeus*）插图

我曾经把一些雌性和雄性刺猬一起关在一个房间里，它们存活了下来，但没有交配。我还曾把几只刺猬放到花园里，它们没有在里面大肆破坏，而是几乎销声匿迹。刺猬以掉落的水果为食，用鼻子翻动浅层的土。它还吃金龟子、蟋蟀、爬虫和一些根茎。它同样很爱吃肉，不论生熟。人们常常在树林里、老树树干下和岩壁的裂缝中见到刺猬，尤其是在人们堆积在田地和葡萄园的石堆里。我与一些博物学家意见相左，认为它们不会爬树，也不会用它们的刺来搬运水果或者葡萄粒。它们是用嘴来拿取想要的东西的。尽管我们的森林中有大量的刺猬，我们从来没在树上看到过刺猬。它们总是在树脚的洞里或者苔藓下，白天几乎不动，晚上才出来奔跑，更准确地说，是行走。它们很少靠近人类居住的地方，喜欢干燥的高地，有时也会去牧场里。当人们用手拿起它们，它们既不逃跑，也不用脚或牙齿来反抗，而是在人们碰到它的一瞬间蜷成一个球，唯一让它松开的方法就是将它放入水中。它们在冬天冬眠，这样，人们所说的它们在夏天储备食物的习惯就毫无意义了。它们食量很小，可以长期不进食。它们跟其他冬眠的动物一样是冷血。刺猬的肉不好吃，它们的皮肤过去曾经被人们用来做梳理大麻的刷子，目前看来毫无用处。

　　一些作家说，刺猬像獾一样有两种，其中一种鼻子像猪，另一种鼻子像狗。我们只见过其中的一种，而且这种刺猬在不同的气候区中并没有变种。它的分布相当广泛，遍布整个欧洲，除了最冷的一些地区和国家，比如拉普兰和挪威。

古兽

三 带 犰 狳

《普适博物学体系》（*Universal System of Natural History*）中的拉河三带犰狳
（*Tolypeutes matacus*）插画。《普适博物学体系》出版于 1794 年，作者是英
国学者埃比尼泽·西布利（Ebenezer Sibly）

第一个描绘这种动物的人是克卢修斯[①]。虽然他仅仅画了一张插
图，但是人们很容易就可以通过图画呈现的特征辨认出这种动物。图
中动物的背上有三条可以活动的带状物，尾巴很短。马格拉夫称之为"塔
图 - 阿巴拉（Tatu apara）"并且加以精彩描述的也是同样的动物。它

[①] 克卢修斯（Carolus Clusius, 1526—1609），佛兰德医生、植物学家。——译者注

159

长长的头部接近锥形，吻尖而眼小，短耳朵呈弧形，头上顶着一个由一整片甲片组成的头盔。它每只脚各有五趾，前足五趾中最外侧第五趾状如公鸡后爪，比其他四趾都要小，其他四趾的中间两趾很大，侧边的两趾更小些；后足五趾较前足更短些，大小也更均匀。它的尾巴很短，仅有 2 法寸长，还包裹着硬甲。它的身体长 1 法尺，最宽的地方宽 8 法寸。覆盖其全身的甲胄被四个连合部位分开，并且有三条可以活动的横向带状物，以便于它弯曲和蜷缩成球状。形成这些连合部的皮肤非常柔软。覆盖其肩膀和臀部的护甲由排列美观的五角形骨片组成；这两块护甲之间的三条可动的横带则是由正方形或者长方形骨片组成，每一片上面都排满了扁圆形黄白色鳞片。马格拉夫补充说，当犰狳要躺下睡觉或者有人碰到它，想要把它捧到手中，它就把头深埋到肚子以下，四肢紧护住头部，蜷成一个完美的球形，看上去像是海里的贝壳，而不像陆地生物。这种紧缩动作的完成要依靠它身侧的两大块肌肉，即使力气最大的人也很难用手把它完全掰开。

食 蚁 兽

在美洲南部生活着三种长吻窄嘴的动物，它们没有牙齿，舌头又圆又长，可以伸到蚁穴中，舔食蚂蚁。蚂蚁是它们的主要食物。这三种食蚁兽中的第一种被巴西人称为"tamandua guacu"，意为"大的小型食蚁兽"，居住在美洲的法国人则把它叫作"大食蚁兽"。这种动物自吻端到尾根长约 4 法尺，头长 14 至 15 法寸，吻部长长地延伸出去，尾长 2.5 法尺，上面覆盖着长度超过 1 法尺的粗糙毛发。它脖短头窄，眼睛小而黑，耳朵呈圆弧状。舌头细长，超过 2 法尺，完全收回的时候叠放在嘴巴里面。它的腿仅有 1 法尺长，前腿比后腿略高，也更细一些。它的脚是圆形的，前脚各有四趾，中间两趾最为粗大；后脚则有五趾。大食蚁兽的尾毛跟体毛一样黑白混杂，状如羽毛帽饰，在睡觉、避雨或避日晒的时候可以翻转过来，覆盖住整个身体。它尾巴和身体上的长毛并不完全卷成弧，尖端是平直的，摸起来像枯草。大食蚁兽生气的时候会频繁而急剧地摆动尾巴，安静行走的时候则任其拖在地上，走到哪里就清扫到哪里。它前胸的毛发相对短些，伸向前方，白色居多；背部的毛发则相对长些，伸向后方，黑色居多。胸前有一块黑色的带状毛发，沿着身体两侧一直伸到背部靠近腰的地方。它的后腿几乎全为黑色，前腿则基本为白色，除了中间有一大块黑斑。大食蚁兽行走缓慢，人类小跑几步就可以追上它；它的脚不适合行走，更适合攀爬和抓住拱状物，并且可以紧紧握住树枝或棍子，力气大到人们没法从它掌中夺下。

《博物学家袖珍志》中的大食蚁兽（*Myrmecophaga tridactyla*）插画

卡宴国王的医生德拉博德（De La Borde）先生将他对这种动物的观察报告寄给了我。内容如下：

"大食蚁兽居住在圭亚那的树林中，为人们熟知的有两个品种。最大的大食蚁兽有一百磅重。它们跑起来动作缓慢，比猪还要笨重。它们试图游泳渡过大河，因此人们可以轻易地用棍子把它击昏。在树林中，人们用枪射杀它们，尽管猎狗不会去追逐它们，树林中也并非常常见到大食蚁兽。

161

"大食蚁兽可以轻松地爬到树上，用自己的大爪子扒开树上随处可见的白蚁巢穴。想要靠近它的话一定要当心，因为它的爪子会抓出很深的伤口，甚至足以抵御这片陆地上最凶猛的动物，比如美洲豹、美洲狮等。它的爪上有着强劲有力的肌肉和肌腱，可以划伤袭击者。大食蚁兽杀狗无数，正是出于这个原因猎狗才对它们敬怕三分。

正要破坏蚁巢的大食蚁兽

"人们经常在未被开垦的大草原上见到大食蚁兽。据说它们以蚂蚁为食，胃部容积超过人类。我曾经给一只大食蚁兽开膛破肚，它的胃里塞满了刚吃下不久的白蚁。它们舌头的结构和尺寸似乎都证明了它们可以食用蚂蚁。它们在靠近地面的树洞中生产，每胎只生一只；即使是处于哺乳期的雌性食蚁兽都可以对人类构成很大威胁。卡宴下层民众会食用这种动物的肉，它们的肉是黑色的，没有脂肪，也没有肉的香气。它们的皮肤又硬又厚，舌头跟吻部一样呈锥形。

"大食蚁兽到四岁的时候才发育完全。它们只能通过鼻孔来呼吸。在头颈连接的第一节脊骨处，它的气管还非常粗，但上部突然变窄，形成通向鼻孔的管道。这条管道位于一种锥形鼻甲之中，这种鼻甲长1法尺，至少跟头部其余部分一样长，起到了上颌骨的作用。大食蚁兽的口部没有任何气管与之相连；尽管如此，鼻孔的开头还是很小，小到无法插入一只羽毛笔的笔管。它们的眼睛也非常小，且只有侧视。这种动物的脂肪颜色很白。经过水中的时候，它们会把长长的大尾巴折叠到背上，甚至头顶上。"

奥布莱[①]先生和奥利维耶（Olivier）先生向我坚称，大食蚁兽只会用舌头获取食物，舌头上附着的一种黏稠的液体可以粘住昆虫。他们同样声称这种动物的肉吃起来味道不坏。

小食蚁兽（*Tamandua tetradactyla*）

三类食蚁兽中的第二种被美洲人直接叫作"小食蚁兽"，这一名字被我们沿用下来。它比大食蚁兽要小得多，自吻端至尾根仅有大约18法寸，头部长5法寸，吻部伸长，向下弯曲。它的尾巴长10法寸，尾端无毛；耳朵直直竖起，长8法寸；舌头为圆形，长8法寸，位于下颌里面的一条沟或者说是凹槽里。它的腿几乎不足4法寸高，脚的形状和脚趾数目跟大食蚁兽一样，即前足四趾，后足五趾。它可以跟大食蚁兽一样出色地攀爬和抓握，而行走起来同样糟糕。由于尾部毛发

---

① 奥布莱（Fusée Aublet，1720—1778），法国药剂师、植物学家。——编者著

布丰所称的"二趾食蚁兽",现在一般称为"侏食蚁兽",学名为 *Cyclopes didactylus*

覆盖不均匀且长度远远短于大食蚁兽,它无法用尾巴把自己包裹起来以自保。睡觉的时候,它会把头藏在脖子和前腿的下面。

第三类食蚁兽被圭亚那当地人称为"ouatiriouaou"。我们把它叫作"二趾食蚁兽",以便与大、小食蚁兽区别开来。它比小食蚁兽还要小很多,因为它自吻端至尾根仅有6或7法寸。它的头部长2法寸,吻部伸长的比例相对大、小食蚁兽要小些。它的尾巴长7法寸,顶端无毛,向下卷曲。它的舌头窄长,有些扁平。它几乎没有脖子,头部相对身体比例较大,眼睛位置很低,甚至快到嘴角。它的小耳朵藏在毛发里,腿只有3法寸长,前足仅有两趾,其中体外侧的那一趾比体内侧的更粗也更长。后足则有四趾。它的体毛长约9法分,触感柔软,色泽光亮,呈略带明黄的橙黄色。它的脚不适合行走,而适合攀爬和抓握,爬上树后可以用尾端悬挂在树枝上。

以下是德拉博德先生写给我的有关二趾食蚁兽的描述:

"这种动物比松鼠大不了多少,容易捕捉。它行走缓慢,当人们把木棍伸向它的时候,它就会像树懒一样攀附在上面,并且不会试图离开。这样,人们就可以把它带到任何地方。它不会叫出声音。人们经常看到它们用爪子钩在树枝上。它们用后背搬来树叶堆在树洞中，在里面产崽，每胎只生一只。它们只在晚上进食。它们的爪子很危险，当爪子紧闭的时候人们无法将其掰开。它们数目并不稀少，但在树上的时候很难被发现。"

弗雷德里克·居维叶《博物学词典》哺乳动物卷中的侏食蚁兽插图

因此，小食蚁兽体形介于大食蚁兽和二趾食蚁兽之间，有着像大食蚁兽一样的伸长的吻部和前足四趾，但同时又像二趾食蚁兽一样尾端光秃无毛，可以靠此悬挂在树枝上。二趾食蚁兽有同样的习性：悬挂在树枝上后，它们摇晃着身体，将吻部靠近树上的洞穴和空心处，把长长的舌头伸进去再迅速拉出，吞食上面的昆虫。

此外，这三种动物在体形和身体比例上相差甚远，但在形态构造和生活习性上有着许多共同之处。它们都吃蚂蚁，都把舌头伸到蜜里及其他液体或者黏稠物质中。它们可以迅速捡起面包屑和碎肉末，很容易被人类驯服和饲养，很耐饿。它们不会将液体全部吞下，有一部分会顺着鼻孔流出来。它们通常在白天睡觉，晚上的时候就转移到其他的地方。它们行走艰难，人类在空地上可以轻松追上它们。野人会吃它们的肉，然而味道非常糟糕。

从远处看，人们有可能会把大食蚁兽看成一只大狐狸，因此有些旅行者称它为"美洲狐狸"。大食蚁兽足以在一只大狗甚至美洲豹面前自保：当受袭时，它先是站起来战斗，像熊一样用前足上致命的趾甲来自卫，之后再背部靠地倒下，把后脚当作手来继续战斗；在这种情形下，它几乎战无不胜，会顽强地战斗到最后一刻。即使已经将敌人杀死，过很长时间之后它才肯松"手"。它在战斗中比对手更为坚韧，因为它身体覆盖着长长的稠密毛发和非常厚实的皮肤，肉体几乎感觉不到疼痛，生命力非常顽强。

大食蚁兽、小食蚁兽和二趾食蚁兽生活在美洲最炎热的气候带中，即巴西、圭亚那、亚马逊一带等。人们在加拿大和其他新世界比较冷的地区从未见过它们的踪迹，因此在旧大陆上也不可能看得到它们。

第三章

禽类

　　禽鸟种类繁多，千姿百态，从来都是博物学研究的重要对象。本章选取的是《博物志》中记录鹳、鹜、松鸡、雷鸟、戴胜、蜂鸟、黄鹂等鸟类动物的篇目。

　　布丰在这些篇目中展现了他高超的研究手段。比如，他通过考证弗里施、格斯纳、雷迪等博物学家的记述，认为他们所谓的"白鹧鸪""白山鹑""比利牛斯白山鹑"其实都是雷鸟，并且指出了有些博物学家都一直没有弄明白的一点：雷鸟不同季节的羽毛颜色是不同的，"雷鸟的羽毛只有在冬天才是白色的"，夏天则"散布着一些棕色的斑点"。在此基础上，他进一步提出，"同一属下的好几种动物会在羽毛颜色上呈现同样的变化"，将"动物的毛色可能会发生变化"升华为一种博物学规律。类似的分析过程还在松鸡、大红鹳等篇目中一再出现。

　　比起他的学术研究能力，布丰在叙述各种鸟类特征时的细致、准确更加让人印象深刻。在描写王鹫的特征时，他写道："喙的根部环绕包裹着一层橘色的表皮，面积很大，向上延伸直到头顶。它的鼻孔也位于这块表皮之上，形状狭长；鼻孔之间的表皮隆起，好像一个边缘有小缺口、会移动的肉冠……它眼睛周围是一圈鲜红色的表皮，虹膜有着珍珠的颜色和光泽。头部和颈部无毛，头顶覆盖着肉色的表皮，头部后端的红色表皮颜色较鲜艳，前端则较为暗淡。头部后方耸起一小撮黑色的绒毛，在绒毛处和喉颈下方的区域有一层棕色的褶皱的表皮，表皮前方混杂着蓝色和红色……"将这些文字描述与王鹫的照片进行对比，两者的一致程度令人惊叹。

　　布丰对动物的描写并不仅仅是简单的特征摹写，各种鸟类在他的笔下纷纷具有了某种人格：角叫鸭性情温和、深沉，却战斗力不凡；红鹳热烈、机警、智慧、高贵；安第斯神鹫勇猛、刚烈；蛇鹫活泼可爱，好奇心重；戴胜温柔、独立、孝顺……这些禽鸟在布丰的笔下不再是呆板的研究对象，而成了一个个活生生的自然精灵。就这样，布丰以一种文学式的笔法，激发起人们对动物的喜爱和对大自然、对博物学的热情和向往。

游禽

角 叫 鸭

在人类耕种的田野间散步，或者在人类的住地穿行，并不能帮助人们认识自然界的五彩缤纷。只有从热带滚烫的沙地走到冰冷的极地，从高山下到深海，将一片片沙漠进行比较，我们才能更好地认识大自然，更加敬畏它。事实上，通过这些壮丽的反差与对比，大自然在展现自身风貌的同时，也表现得更加宏伟。我们已描绘过阿拉伯半岛中部岩石地带的沙漠，在那片荒凉的不毛之地，人类几乎无法呼吸，土地寸草不生，无法供养兽鸟昆虫，一切都死气沉沉，因为没有生物可以生长——没有流动的小溪来浇灌土地，也没有充沛的雨水来滋润大地，甚至露水都少得可怜，动植物的胚胎发育缺乏必需的元素。把这幅古老大地上的干旱图景与新大陆上大片泛滥的沼泽进行对比，我们会发现，一方富余的正是另一方稀缺的。宽广的河流，像亚马孙河、拉普拉塔河、奥里诺科河翻滚着泛起白沫的浪花，水量充沛，肆意流动，似乎想要侵占土地，将之完全吞没。一些静止的水面遍布于河流附近，水下是河流沉积下来的淤泥。这些宽广的沼泽上方蒸腾着雾气，散发着恶臭，土地中的臭气就这样被传送到空气中，随后要么随着骤雨降落到地面，要么被风吹散。河岸时而干涸，时而被淹没，土地和水似乎在争抢领地，企图将这里永久地占为己有。在水土交融、界限并不分明的地方，

有一些红树组成的荆棘，成
了卑微的生物肆无忌惮地繁
殖的巢穴，像大自然的垃圾
堆一样，构成一幕多年沉积
的淤泥中粪便在发酵的场景。
体形巨大的蛇在这片满是污
泥的土地上留下大大的印痕，
鳄鱼、蟾蜍、蜥蜴还有数以
百计的大足爬行动物将泥地
踩成泥浆，不计其数的昆虫
因潮湿的热气而胀大，最终
使淤泥升高。一切肮脏的物
种都在淤泥里爬行，或者在
空中嗡嗡飞舞，使得天空变
得阴暗。所有这些在地上乱
爬的令人生厌的动物，吸引
了大群凶猛的鸟类，它们的
叫声与爬行动物的叫声混杂

《博物学词典》鸟类学卷中的角叫鸭(*Anhima
cornuta*) 插图。这一卷的作者是法国动物
学家夏尔·德圣克罗伊（Charles Dumont de
Sainte-Croix ）

交织在一起，打破了这片可怖的荒地里的宁静，似乎在恐怖之中又加
上了一层焦躁，使得人类敬而远之，也让其他神经敏感的生物无法靠近。
这些难以通行而且尚未成形的土地，让人们想起地球形成初期一片混
沌的状态，那时土地和水还连成一片，生物还没有在自然界找到各自
的领地。

　　鸟类和爬行动物的叫声和吵嚷中，有一种间歇发出的声音力压群
雄，远处的水流都能感受到震颤，这就是角叫鸭的叫声。这种黑色大
鸟的显著特征就是具有大嗓门和厉害的武器。它头上有一个尖尖的角
羽，长 3 到 4 法寸，根部直径 2 到 3 法分。角羽从前额上部生出，直向

上方，末端稍向前弯曲，根部有一个像是羽毛管的筒套。有些鸟类，比如水雉、一些种类的鸻以及田凫等，肩上会带有尖刺或者角突，但角叫鸭是所有鸟类之中武装得最好的。除了头上有角羽，它的每个翅膀上都有两个尖刺，当翅膀折起来时，尖刺就指向前方。尖刺其实就是掌骨上的突起，从掌骨两端生发出来。上端的尖刺最大，呈三角形，长 2 法寸，根部宽 9 法分，末端尖角稍微弯曲。另外，尖刺外也有筒套，和角羽根部一样。掌骨下部的突起，也就是第二个尖刺，长度只有 4 法分，根部宽也是 9 法分，也罩有筒套。

这副装备颇具攻击性，能使角叫鸭在战斗中占取上风，但它不会去袭击其他鸟类，只和爬行类进行争斗。它的性情很温和，生来敏感多情。雄鸟和雌鸟总是双宿双飞，对彼此忠诚，至死不渝，爱情的力量让它们结合在一起，即便一方先逝，这份情感似乎依旧存在。留下来的一方会不停地游荡，一路哀吟，在失去爱人的地点附近徘徊。

角叫鸭

角叫鸭这种深沉的情感，与它猛禽式的生活形成很大的反差，它的身体构造上也存在着这样的对立。角叫鸭是食肉动物 [1]，但它却长着

---

[1] 现在的观察发现，角叫鸭主要以水生植物为食。——编者注

170

食谷粒鸟儿的喙。它有几个尖刺和一个角羽，头却和鹑鸡类差不多。它的腿很短，翅膀和尾巴却很长。它上喙比下喙长，末端稍微弯曲。头部覆盖着一些细小的半卷曲的绒毛，黑色和白色交杂；颈部上端也是这样的卷毛，下端的羽毛则比较大，比较密，边缘白色，内部灰色。羽毛的底色是棕黑色，带有一些暗绿色的光泽，有时还夹杂着一些白色的斑点；肩上是醒目的红棕色，一直延伸到宽大翅膀的边缘。尾部长 9 法寸，边缘也是红棕色。喙长 2 法寸，宽 8 法分，根部厚 10 法分。与脚相连的一截小腿上没有羽毛，脚长 7.5 法寸，外有一层黑色的粗糙表皮。长长的脚趾上有很多鳞片。中趾加上趾甲，长 5 法寸；趾甲是半钩形，弯向下方形成中空的沟槽。后趾形状特别，纤细，笔直而且修长，和云雀类似。角叫鸭整个身体长 3 法尺。马格拉夫说雄鸟和雌鸟在体形上有显著的差别，对此我们无法证实。我们所见到的一些角叫鸭高矮胖瘦看起来都和印度火鸡差不多。

博物学家皮索[1]说得很有道理，角叫鸭是半个水鸟。他还说，它会在树的根部筑起形似窑炉的巢，走起路来颈部挺直，头部高昂，在森林中往来穿梭。不过不少旅行家都向我们证实，角叫鸭在沼泽地里更常见。

鸊　鹈

鸊鹈有银白色的颈羽，很好辨认。颈部这几圈美丽的羽毛以及厚厚的柔软绒毛，虽说是羽毛的质地，却也有着丝绸的光泽。它全身（尤其是胸部）的羽毛自然纯净，由很多细密紧实的绒毛精心梳理而成，一缕缕十分有光泽，交错起来能很好地抵御空气的严寒和水的潮湿。这件经得起任何考验的外衣对鸊鹈来说是必不可少的，因为在最寒冷

---

[1] 皮索（Willem Piso, 1611—1678），荷兰医生、博物学家，曾于 1637 至 1644 年间以医生身份参与荷属巴西的探险活动，是热带医学的奠基者之一。——编者注

的冬天，它也总是在水面上生活。这一点和潜鸟很像，所以人们常用一个词"哥伦布鸟"（colymbus）来指代这两种鸟。从词源上来说，"colymbus"指的就是能在两片水域之间潜水以及游泳的鸟类。但是这个词显示不出这两种鸟的差别。从本质上来说，䴙䴘和潜鸟不属于同一科。这表现在潜鸟的脚上覆盖有完整的足蹼，而䴙䴘脚上由皮膜形成的瓣蹼在每个脚趾周围都会断开。此外，两者更显著的差异我们将在稍后的对比描写中详细谈到。䴙䴘的身体构造决定了它只能在水里生活。它腿的位置特别靠后，几乎要陷到肚子里，脚的形状很像一对桨，在那个位置上最自然的动作就是向外划动。当䴙䴘站在陆地上挺得笔直的时候才能支撑起鸟身。人们发现，以这样的姿势拍打翅膀，不可能飞到空中，只会倒向前面，因为躯体通过拍打翅膀获得的推力

布丰描述的这种䴙䴘叫作角䴙䴘（*Podiceps auritus*）。上图是选自《博物学家袖珍志》的角䴙䴘插画

得不到腿部的助力，费尽气力才能从地面上飞起来。䴙䴘好像感觉到自己并不属于地面，人们注意到它主观上也在尽量避免上岸。为了不被风推向岸边，它总是逆风游动，如果不幸被浪带到岸边，它会奋力拍打翅膀或者摆动脚掌，想要飞向空中或者重回水面，可惜往往徒劳无功。这时候，人们一般用手就能捉住它，尽管它会顽强抵抗，用喙把人啄得生疼。在陆地上任人摆布的䴙䴘在水里很是轻快敏捷。它四处游动，潜入水中，冲开波浪，以惊人的速度掠过波涛，划过水面。人们甚至说，䴙䴘深入到水下

时，动作会更加灵活、敏捷。它会潜入很深的地方捕鱼，渔夫们的渔网有时也会兜获一些鸊鷉。海番鸭只会下潜到退潮时能看见的珊瑚礁中，然而鸊鷉潜得更深，它会在涨潮时下潜到超过 20 法尺深的地方。

鸊鷉不仅在海水中，也在淡水里活动，可惜博物学家们谈论的都是在湖泊、池塘以及河湾中见到的鸊鷉。布列塔尼、皮卡第的海边以及拉芒什海峡中都分布有好几种鸊鷉。最著名的是生活在日内瓦、苏黎世以及瑞士其他湖泊中的鸊鷉，有时在南蒂阿的湖泊，甚至勃艮第及洛林的一些池塘中，也能见到这一种类。它的体形比骨顶鸡稍大。从喙到尾部长 1 法尺 5 法寸，从喙到脚趾长 1 法尺 9 法寸或 1 法尺 10 法寸。躯体上截都是深棕色，但富有光泽，躯体前部是很漂亮的银白色。这种鸊鷉有着这类鸟的共性，即头小，喙直且尖，喙角有一小块裸露的红色表皮，一直延伸到眼部。翅膀很短，与臃肿的身躯不是很匹配，以至于它站立起来会很困难。但若借助风的力量，它还是可以恣意飞翔的。它的声音尖利刺耳。腿或者说跗骨的侧面宽大而扁平，两排角质鳞片在背部呈锯齿形排开。脚趾大而平。所有的鸊鷉都没有尾巴，只有一些长出尾羽的隆起。这些隆起的部位和其他鸟类相比微不足道，从中伸出的并不是真正的长尾羽，仅是一簇小羽毛。

鸊鷉一般来说都很肥，它们不仅吃小鱼，还吃藻类以及其他水草，甚至能吞下淤泥。人们经常在它的胃里发现一些白色的羽毛，这并不是因为它吞食了其他鸟类，而显然是把漂浮在水面上的羽毛当作小鱼吞了进去。此外，鸊鷉会像鸬鹚一样，把不消化的食物吐出来，至少，人们在它的胃里发现了绕成一团、完好无损的鱼刺。

皮卡第的渔民会去英格兰的海边捕捉鸊鷉，因为它们不会在法国的海岸边筑巢。渔民们能在岩石的洞中发现鸊鷉，显然它们没有办法爬上来，只可能是飞过来的，而且它们的幼鸟也可以从这里冲向大海。

生活在大池塘里的䴙䴘会将芦苇和灯芯草交织在一起筑巢。巢一半浸在水里，一半浮在水面，但却不会顺水流走，因为它很结实，而且有芦苇做围障，并不是完全漂浮在水面上的。在巢中一般能发现两枚卵，很少超过三枚。从六月起，人们就能看见新出生的小䴙䴘和妈妈一起游动了。

角䴙䴘

　　䴙䴘目下分为两科[①]，它们的区别在于体形的大小。我们把体形较大的那一科叫作"grèbe"，把较小的那一科叫作"castagneux"。这样的区分是自然形成的，古已有之。希腊学者阿戴内（Athénée）就分别用"colymbis"和"colymbida"来给它们命名，并且给后者加上一个定语"parvus"（意指"小"）。不过在大䴙䴘科下，也有一些种类的体形相当小。

---

① 现代生物分类学的䴙䴘目下只有一个科。——编者注

174

涉禽

美洲大白鹳

大自然让爬行动物在亚马孙河以及奥里诺科河的岸边大量繁殖，同时它也创造出了一些凶猛的鸟类，用以对抗这些有害的爬行类物种。在自然的调配下，这些鸟类的力量与它们需要对抗的大蛇旗鼓相当，体形也与它们需要跋涉的淤泥深度相适应。美洲大白鹳就属于这类鸟，它的体形比普通的鹳要大，身体比鹤要高，躯体大小是鹤的两倍，论体形和力量，堪称涉禽之首。

美洲大白鹳的喙是一种强有力的武器，长13法寸，根部宽3法寸，尖锐锋利，边缘扁平，好似一柄斧头生长在大大的脑袋上，下方的颈部粗壮有力。喙的形状好似一个坚硬的号角，稍微向上弯曲，这一特点在黑鹳的喙部也有些类似的体现。头

布丰描述的"美洲大白鹳"现多称"裸颈鹳"（*Jabiru mycteria*）。上图是选自《博物集》（*The Naturalist's Miscellany*）的裸颈鹳插画。《博物集》作者是英国动物学家、植物学家乔治·肖（George Shaw）

裸颈鹳

部以及三分之二的颈部覆有一层黑色的裸露表皮，枕骨部有一些灰色的毛。颈部下方长达 4 到 5 法寸的皮肤是鲜艳的红色，围成一圈大而美丽的项链。大白鹳的全身羽毛都是白色的，喙呈黑色，小腿粗壮，和喙一样覆盖有黑色的鳞片，没有羽毛，高 5 法寸。脚长 13 法寸，趾间的膜质韧带从外侧脚趾延伸到中趾，长度超过 1.5 法寸。

威洛比^①说美洲大白鹳的体重至少和天鹅相当。此话不假，只不过天鹅的躯体没有那么粗壮，比较纤长，而大白鹳的躯体则像是踩在高跷上。威洛比还说，大白鹳的颈部和人的手臂一样粗，这也是事实。此外，他还说大白鹳颈部下方的皮肤是白色的，而非红色，这可能是它生前与死后的差别。皇家花园中的一幅美洲大白鹳特写里，它的颈部就是红色的。它的尾巴很宽，但是刚好被收起来的翅膀遮盖。大白鹳直立高度至少有 4.5 法尺，算上喙的长度，接近 6 法尺。这是圭亚那地区最大的鸟。

人们在偏远地区的湖边和河边见过美洲大白鹳。它的肉虽然一般来说很干，但也算得上美味。雨季里的大白鹳变得很肥美，因此印第安人最爱在这时享用它。他们用猎枪甚至弓箭轻而易举地就能猎杀它。皮索在大白鹳翅膀的大羽毛上发现了一些红色的光泽，是从卡宴运来的白鹳身上所没有发现的，这可能是巴西大白鹳的一个特征。

---

① 威洛比（Francis Willughby，1635—1672），英国鸟类学家、鱼类学家。——编者注

琵 鹭

　　琵鹭有一身白色的羽毛。它的大小和鹭科鸟类差不多,只是脚和颈部比较短。颈部带有细小的羽毛,头部下方的羽毛又长又细,形成一簇弯向后方的冠羽。颈部前端也有羽毛覆盖,眼睛周围有一层裸露的皮肤。双脚以及没有羽毛的腿上有一层黑色坚硬的角质皮肤。脚趾的相连处有薄膜,一直延伸到趾尖,像是给脚趾镶了浅浅的一层边。这种鸟喙根处呈浅黄色,上有一道道黑色的横向波纹,喙尖也是黄色的,有时还夹杂着些许红色。形状奇特的槽状喙周围有一圈黑边,上喙下方有一道长沟。这种喙扁平如画板,最宽的地方有 23 法分,最前端有一个弯向下方的小尖头,喙内交错的小线条使得表面变得有点粗糙,不如外部平滑。上喙靠近头部的地方很宽很厚,前额似乎都要完全嵌进去。上下喙的内部靠近喙根的地方也有一些交错的突起,既能用于磨碎各种贝类,又对一些滑腻的猎物起到阻隔的作用。琵鹭的摄食范围很广,包括鱼类、贝类、水生昆虫以及蠕虫。

英国鸟类学家塞尔比(Prideaux John Selby)《英国鸟类图鉴》(*Illustrations of British Ornithology*)中的白琵鹭(*Platalea leucorodia*)插图

琵鹭栖息在海边，偶尔光顾一些湖泊，在河边短暂停留，除此之外很少去往内陆地区。它喜欢有沼泽的海岸。人们在普瓦图、布列塔尼、皮卡第以及荷兰的海边沼泽地里见过它。有些地方甚至因为琵鹭的大量汇集而出名，例如靠近莱顿的塞旺于沼泽[①]，聚集在此的除了琵鹭还有其他水鸟。

琵鹭的巢位于海边大树的顶端，由小树枝搭建而成。它们每窝产三四枚卵，在育雏时节会在树上发出很大的声响，而且每天晚上都会回到巢里睡觉。

法兰西科学院的学者们描述过四只琵鹭，这四只都是白色的，有两只在翅膀的顶端还带一点黑色。这一特征在雌雄鸟身上都能找到，并非阿尔德罗万迪[②]所想的那样是区分性别的指示特征。琵鹭的舌头非常小，形状是三角形，每条边的长度都不到 3 法分。食道下端膨大，琵鹭吞食的小贻贝以及其他贝类就在这个胀起的空间内存留并被消化，待琵鹭心室的温度将肉质融化后，残余的杂质会被吐出来。它的砂囊内有一层胼胝质薄膜，这与食谷粒鸟类一样。不过，有砂囊的鸟儿体内都有盲肠，但人们只在琵鹭回肠的末端找到两个很短的小突起。肠全长 7 法尺。气管与鹤类似，在胸廓内有两个分支。心脏里有一个心包，但是阿尔德罗万迪声称并未发现。

琵鹭夏天会飞到波的尼亚湾的西部以及拉普兰地区，根据林奈[③]的描述，有人在那里见过好几只。在普鲁士，琵鹭的数量似乎很少，秋雨

---

① 塞旺于（Sevenhuis）沼泽位于现在荷兰的泽芬赫伊曾（Zevenhuizen），18 世纪时因泥炭采掘而消失。——编者注

② 阿尔德罗万迪（Ulisse Aldrovandi, 1522—1605），意大利博物学家，被林奈和布丰尊称为"博物学研究之父"。——译者注

③ 林奈（Carl Linnaeus, 1707—1778），瑞典博物学家，生物命名双名法的主要贡献者，被称为"现代生物分类学之父"。——编者注

时节它们会从葡萄牙飞过来短暂停留。扎琴斯基①说，在沃利尼亚也有人见过琵鹭，但数量极少。在九、十月的时候，也有一些飞到西里西亚。在法国，我们曾说过，琵鹭栖息在西部海岸。在非洲海岸，靠近比绍，人们也发现了琵鹭。格朗热②说埃及亦有。科尔布说好望角的琵鹭不仅吃鱼，还吃蛇，当地人因此把它叫作"食蛇鸟"。孔梅松③先生在马达加斯加见过一些琵鹭，那里的岛民把它称作"喙如铁铲的鸟"。有些地区的黑人给它起名"vang-van"，还有些地区的黑人出于迷信，把它叫作"vourou-doulon"，即"恶魔之鸟"。由此可见，尽管这种鸟数量很少，但它的分布范围很广，似乎在整个旧大陆都有分布。索纳拉④还在菲律宾群岛上见过它。尽管人们把琵鹭分为两类，将是否具有羽冠作为主要的分类依据，但这似乎也不构成一个显著特点。直到今天，我们也只认识一种琵鹭，无论是生活在旧大陆的北部还是南部，它的外形都没有差异。琵鹭也生活在新大陆，尽管人们依旧把它分为两个种类，但这两种应该合二为一。应当承认，美洲琵鹭和欧洲琵鹭很像，即使有细小的差别也是气候原因所致。

美洲琵鹭和欧洲琵鹭的差别仅在于它体形稍小。此外，它颈部、背部和侧翼的白色羽毛上还带有一点粉红色或者肉红色。翅膀上的颜色更加鲜艳，肩部和尾部的羽毛甚至偏深红色，尾羽是红棕色。翅膀的边缘是很漂亮的胭脂红。头部以及颈部上没有羽毛。这些美丽的颜色只属于成年琵鹭。因为人们发现幼年琵鹭的躯体没有那么红，甚至几乎全是白色，头部也不是裸露的，尾羽一部分是棕色，保留了初生

---

① 扎琴斯基（Gabriel Rzaczynski，1664—1737），波兰博物学家。——编者注
② 格朗热（Granger，约 1680—1734），真名为 Tourtechot，法国医生、旅行家、博物学家。——编者注
③ 孔梅松（Philibert Commerson，1727—1773），法国探险家、博物学家。——编者注
④ 索纳拉（Pierre Sonnerat，1748—1814），法国探险家、博物学家。曾在东南亚旅行，并到过中国和印度。——编者注

生活在欧洲大陆的琵鹭

羽毛的颜色。巴雷尔[1]认为，和很多鸟儿如红杓鹬以及红鹳一样，美洲琵鹭的羽毛颜色会随着年龄的增长不断变化。它们刚出生时，羽毛几乎都是灰色或者白色的，长到三岁时才会变红。由此可知，巴西的玫瑰色琵鹭，或者马格拉夫所描述的翅膀带有浅粉色的幼年琵鹭，和新西班牙地区[2]的成年琵鹭都属于同一种类。马格拉夫说，人们在北美的圣弗朗索瓦河或者南美的塞尔希培河流沿岸见过大量琵鹭，而且它们的肉质很鲜美。费尔南德斯（Fernandez）认为美洲琵鹭和欧洲琵鹭的生活习性相同，都栖息在海岸边，以小鱼为生，即便人们想驯养琵鹭，也得给它喂活鱼。他说，实验表明，琵鹭不会碰死鱼。

玫瑰色琵鹭生活在新大陆，白色琵鹭生活在旧大陆，它们的分布范围很广，横跨南北，分别从新西班牙地区的海岸延伸到圭亚那，从佛罗里达到巴西。人们在牙买加见过它们，在其他邻近的岛屿上很可能也有。不过，这一数量很少的种类，在任何地方都不会集群生活。例如，在卡宴，杓鹬的数量可能是琵鹭的十倍。最大的琵鹭群顶多有九到十只，一般来说是两到三只，而且琵鹭往往和红鹳共同生活。人们早上和晚

---

① 巴雷尔（Pierre Barrère，1690—1755），法国医生、博物学家。——编者注

② 新西班牙地区，旧地区名，前西班牙在美洲的殖民地总督辖区之一，1521 年设立。其范围包括现在的美国西南部和佛罗里达、墨西哥、巴拿马以北的中美洲、西印度群岛的西属殖民地，委内瑞拉和菲律宾群岛也一度属这个辖区。——译者注

上能在海边或者在岸边漂浮的树干上看见琵鹭。但在中午这一天中最热的时候，它们会躲进小湾中，栖息在水生树木的高处。不过琵鹭属于半野生动物，在海上时它会停留在小船附近，可以任由人们靠近，直到休息中的或者飞翔着的琵鹭被抓获。琵鹭捕食的时候身体会探到淤泥深处，漂亮的羽毛常常因此弄脏。德拉博德先生曾观察过琵鹭的生活习性，他向我们证实，巴雷尔有关琵鹭羽毛颜色的论断是正确的，他说圭亚那的琵鹭只有随着年龄的增长，在大约三岁时才会拥有漂亮的红色羽毛，幼鸟几乎全身都是白色的。

博物学家巴永 [1] 先生向我们提供了大量细致的观察结果，他认为琵鹭分为两个种类。他还对我说，这两种琵鹭在十一月和四月的时候一般都会经过皮卡第的海岸，但不会在此停留。它们在海岸边或者邻近的沼泽地里待上一到两天，数量并不多，而且性情似乎很野蛮。

第一种琵鹭很常见，它带有亮丽的白色羽毛，没有羽冠。第二种琵鹭有羽冠，体形稍小。巴永先生认为，这些差异再加上喙和羽毛颜色上的不同，足以形成两个互相独立的种类。

巴永先生还相信，所有的琵鹭在刚出生时羽毛都是灰色的，这点和白鹭一样，此外它们躯体的外形、翼展以及其他习性也和白鹭很像。他谈到圣多明各的琵鹭时似乎想要把它列为第三个种类。不过，根据我们上文陈述过的各种理由，这些都不过是同一个种类下的三个变种，因为它们的天性以及其他自然习惯都相差无几。

巴永先生观察过五只琵鹭。通过解剖发现，它们的胃中都装满了小虾、小鱼以及水生昆虫。琵鹭的舌头几乎起不到什么作用，喙既不

---

[1] 巴永（Emmanuel Baillon，1742—1801），法国博物学家，给布丰提供了很多海洋生物和水鸟的材料。——编者注

锐利也没有细齿，似乎没有办法捕获和吞下鳗鱼或者其他一些负隅顽抗的鱼类，因此琵鹭只能以一些小型动物为食。这使得它们必须不停地四处觅食。

观察表明，琵鹭在某些情况下会和鹳一样，用喙发出"咯咯"的声音。巴永先生曾打伤过一只，而后听到它靠接连不断地快速摩擦上下喙发出这样的声音。尽管如此，那两片单薄的喙咬在手上也无非造成轻微的被夹紧的感觉。

红　　鹳

希腊人聪明机智、敏感多情，他们的语言当中几乎每个词语背后都是一幅画面，向人们展示着一切理想中或者现实事物的形象和简要

《博物学词典》鸟类学卷中的大红鹳（*Phoenicopterus roseus*，又称"大火烈鸟"）插图

特征。"Phénicoptère"一词的意思是有着"火红色翅膀的鸟"，就是很好的形意结合的典范，彰显出智慧的希腊人用词之优雅和表现力之强烈。这样的结合在如今使用的各种语言中都十分少见。虽然现代语言中的部分词汇是从希腊语中借鉴而来的，但词语原有的魅力已经在翻译的过程中消失殆尽。经法国人翻译后的"phénicoptère"再也显现不出这种鸟的形象，而且因为字面意思空洞，指代不明，其原意也渐渐丢失。法国最早的博物学家把这种鸟叫作"flambant"或者"flammant"，由于它的词源渐渐被人遗忘，它就被写作了"flamant"或

者"flamand"。后来，人们又把这种火红色的鸟称作"佛兰德鸟"，将它和佛兰德地区的居民联系到一起，而实际上红鹳从来没有在那里出现过。鉴于以上种种原因，我们觉得有必要在此提到它的旧称，这个名字内涵最丰富也最恰当，甚得拉丁人的欢心。

火红的翅膀并不是红鹳唯一显著的特征。它的喙形状奇特，扁平的上喙中部突起形成一条弧线，下喙较大，呈槽状，像一把大勺子。它的腿长得过分，颈部也又长又细。躯体虽然没有鹳大，但因为腿长而位置被抬高。在大型涉禽中，这样的外形算是很奇特、很与众不同的了。

红鹳的脚上覆盖有一半足蹼，它经常出没在水边，但不会在水里游动或者潜到水下。博物学家威洛比据此认为，它是一个单独的物种，构成了一个独立的、数量不多的属，这是有道理的。红鹳似乎介于涉禽与游禽之间，它与游禽的相似点在于：足间有一半足蹼，趾间的薄膜从一端延伸到另一端，最后在中部形成两个月牙形。脚趾都很短，外趾尤其小。和修长的腿以及脖颈相比，躯体显得很小。大学者斯卡利杰尔[1] 拿它的脖子和鹭相比，瑞士博物学家格斯纳[2] 拿它和鹳相比，他们和威洛比一样都注意到红鹳细长的颈部与众不同。凯茨比[3] 说，红鹳完全发育成熟后，体重还比不上一只野鸭，身高却达到 5 法尺。这些学者们描述出的体积上的强烈反差和年龄有关，此外他们还发现红鹳的羽毛也随年龄而有各种变化。羽毛整体上柔顺光滑，或鲜艳或暗淡的红色以不同程度遍布周身。翅膀上的飞羽永远是黑色的，大大小小、里里外外的绒毛赋予它一身美艳的火红色，被震撼的希腊人正是因此

---

① 斯卡利杰尔（Joseph Justus Scaliger，1540—1609），法国宗教领袖、历史学家，被认为是法国 16 世纪最伟大的学者之一。——编者注

② 格斯纳（Conrad Gessner，1516—1565），瑞士博物学家、目录学家。——译者注

③ 凯茨比（Mark Catesby，1682—1749），英国博物学家，著有《卡罗来纳、佛罗里达和巴哈马群岛博物志》（*The Natural History of Carolina, Florida and the Bahama Islands*）。——编者注

詹姆斯·奥杜邦（John Audubon）《美国鸟类》（*Birds of America*）中的大红鹳插图

把它称作"phénicoptère"。这样的红色从翅膀一直蔓延到背部及尾部，胸部以及脖颈上也有，深浅不一。脖颈上端和头部只是一些短小丝滑的绒毛，头顶没有羽毛。纤细的身形以及大大的喙，使得红鹳有了一种非凡的体态。它的头高高昂起，颈部前端膨大以便包覆宽大的下颌骨，上下颌骨共同形成了一段直的圆管，占了喙部整体长度的一半，上颌骨在圆管后部骤然弯曲，凸面俨然一片薄板。下颌骨也跟着相应地弯曲，依旧呈槽状。上颌骨通过顶端的另一段圆弧和下颌骨的顶端交会契合，两者的边缘内都长有一些黑色的尖利细齿，齿尖朝向后方。英国的格鲁[①]博士曾精确描述过红鹳的喙，他还注意到上颌骨内部正中央有一条细线。红鹳的喙从顶端到弯曲的地方都是黑色的，从弯曲处到喙根的部分，在死去的鸟儿身上呈白色，于活鸟身上显然颜色各异。格斯纳说是鲜红色，阿尔德罗万迪说是棕色，威洛比说是浅蓝色，西巴说是黄色。杜泰尔特说："在这么一个小而圆的头上，有着一个长 4 法寸的巨喙，一半红色，一半黑色，弯弯的形状像一柄勺子。"法国科学院的学者们将红鹳称作"bécharu"，他们说它的喙呈浅红色，它的粗舌头边缘有朝

---

① 格鲁（Nehemiah Grew，1641—1712），英国生理学家、植物解剖学家，被称为"植物解剖学之父"。——编者注

向后方的肉突，填补了下喙的孔隙以及勺状的空间。沃尔姆[1] 也描绘过这一非同寻常的喙，阿尔德罗万迪感慨着自然的巧妙设计，雷[2] 也谈到它奇特的外形。但是对于我们感到疑惑的地方，他们没有一个仔细研究来揭晓答案：我们想知道这个独特的喙是否像一些博物学家说的那样，上半部分可以运动，而下半部分是固定不动的。

人们惊讶地发现，在亚里士多德的著作中找不到"phénicoptère"这一字眼，同时期的阿里斯托芬则把它归属于在沼泽中生活的鸟类。红鹳在希腊确实很少见，而且可能都是从其他地方飞来的。希腊学者埃利奥多尔（Héliodore）强调说红鹳来自尼罗河。一位评注朱文纳尔[3]作品的学者也说，红鹳在非洲很常见。不过这种鸟儿也不只是在热带地区生活，人们在意大利看见过一些，在西班牙的数量更多。几年前，还有一些飞到朗格多克以及普罗旺斯的海岸，尤其是蒙彼利埃和马尔蒂盖一带以及靠近阿尔勒的沼泽地。令我惊讶的是，如此博学的观察家贝隆[4] 竟说在法国，一只从别处飞来的红鹳也没有见过。也许红鹳迁徙的首站是之前未发现其踪迹的意大利，随后来到我们法国的海岸？

正如人们所见，红鹳长期定居在南部地区，分布在旧大陆从地中海海岸到非洲最南端的地带。德曼德斯罗写到，在佛得角生活着大量红鹳，他还夸张地说红鹳的体形和天鹅一样大。英国冒险家丹皮尔[5] 在

---

① 沃尔姆（Ole Worm，1588—1654），丹麦医生、收藏家。他的姓名也常被写作 Olaus Wormius。——编者注

② 雷（John Ray，1627—1705），英国博物学家，在植物学、动物学、博物学和自然神学等领域著述颇丰。他对植物的分类方法是现代分类学形成过程中的重要一步。——编者注

③ 朱文纳尔（Juvenal，又译"尤维纳利斯"，约 60—127），古罗马讽刺诗人。——编者注

④ 贝隆（Pierre Belon，1517—1564），法国博物学家。——译者注

⑤ 丹皮尔（William Dampier，1651—1715），英国航海家、探险家，第一个进行过三次环球航行的人。他当过海盗，还探索过澳大利亚的部分地区，在环球航行的过程中收集了大量动植物标本，出版了很多旅行记录。——编者注

佛得角的萨尔岛上发现了一些红鹳鸟巢。在非洲西部地区的安哥拉、刚果和比绍，都有大量的红鹳鸟巢，那里的黑人们出于迷信不能接受任何一只红鹳被猎杀，他们不去侵扰它的生活，甚至任其在人类的住地安家。人们也在萨尔达尼亚湾以及好望角附近见过红鹳，它们白天在海岸边栖息，晚上在附近的深草丛中过夜。

此外，虽然红鹳四处飞，但它只去热带和温带地区，不去北部寒冷地带。在某些季节里，人们确实在不同地区都能见到不知从何处而来的红鹳，但是没有人见到它朝北部地区飞去，即使在法国的内陆省区看到它们的身影，也是形单影只，很有可能是被大风困留此地的。连有人在卢瓦河边杀死一只红鹳的消息都被萨莱尔纳[1]先生当奇闻讲。红鹳的活动范围局限于温暖的地区，它们群居于新旧大陆的南部地区，由于数量较少，可以完成从一个大陆的南端飞到另一个大陆南端的迁徙。

红鹳的身影出现在瓦尔帕莱索、康塞普西翁以及古巴，那里的西班牙人把它称作"flamencos"。人们在委内瑞拉的海岸靠近白岛和阿韦斯岛的地方以及由一堆暗礁构成的罗歇岛上见过红鹳。它在卡宴广为人知，当地人把它叫作"tococo"，人们可以看见它在海岸边徘徊，或者成群结队地飞行。巴哈马群岛上也有它的足迹。汉斯·斯隆[2]把红鹳归到牙买加的鸟类名录中，丹皮尔在哥伦比亚的里奥阿查发现了红鹳。在圣多明各、安的列斯群岛和加勒比群岛有大量的红鹳，它们在小盐湖以及环礁湖边生活。西巴描述的那只则来自库拉索岛。从秘鲁到智利也都有红鹳。总之，南美洲很少有看不到红鹳的地方。

---

[1] 萨莱尔纳（François Salerne，1706—1760），法国医生、博物学家。——译者注

[2] 汉斯·斯隆（Hans Sloane，1660—1753），英国内科医生，大收藏家。他在去世前夕将自己的七万多件藏品赠给了英国国会。在这批藏品的基础上，1759 年，大英博物馆成立并对公众开放。1880 年，大英博物馆将博物学标本与考古文物分离，大英自然博物馆于次年成立。自然历史博物馆最初的藏品就有相当大的部分来自斯隆的遗赠。——编者注

生活在美洲各地的红鹳与欧洲、非洲的没有什么不同。可以看出，这种鸟的品种十分单一，也比其他任何鸟类更有排他性，因为它们抗拒一切变异。红鹳在古巴海岸以及巴哈马群岛育雏，它们会选择浸没的海滩和低洼的岛屿，例如阿韦斯岛，拉巴[①]就在那里发现了大量红鹳以及鸟巢。它们的巢由黏土以及沼泽里的淤泥堆成，呈金字塔状，高近20法寸，底部常年浸在水中，金字塔的塔尖被截去，形成一个中空而平滑的顶部，上面没有铺羽毛或者杂草。卵一落巢，红鹳就开始在这个小山包上孵卵，双

大红鹳幼鸟

腿悬空弯曲，以保证它能用尾部和小腹来孵卵，在凯茨比看来，这和人坐在板凳上的样子差不多。这一独特的姿势是由它腿的长度决定的，因为它即使下蹲也不能将双腿完全折到身体下方。丹皮尔还描写了红鹳在萨尔岛如何筑巢。它们总是把巢安在环礁湖和咸水湖中，只产两枚卵，最多三枚。卵是白色的，大小和鹅卵差不多，比鹅卵更长一些。幼鸟几乎在完全发育成熟后才会飞，不过出生后不久它们就能以飞快的速度奔跑。

幼鸟的羽毛是浅灰色的，随着羽毛越来越繁密，颜色也逐渐加深。这种鸟发育完全需要10至11个月的时间，美丽的毛色只有到成熟时才

---

① 拉巴（Jean-Baptiste Labat，1663—1738），法国教士、探险家、博物学家。——编者注

能得以展现，年纪稍轻的颜色较浅，随着年龄的增长，毛色会更深，更艳丽。凯茨比说，红鹳的羽毛全变为亮丽的红色需要两年时间。杜泰尔特的看法和他一样。不过，不管羽毛经历怎样的色变，翅膀总是最先变红，因此翅膀上的红色不管在什么阶段都比身体其他地方更加明亮。红色从翅膀延伸到尾部，随后至背部和胸部，最后扩展到颈部。只有少数个体似乎因为气候条件的不同，在颜色上呈现出细微的差异，例如，塞内加尔的红鹳偏朱红，而卡宴的偏橘红。巴雷尔仅凭这一差别就把它们分作两个不同的种，显然理由不够充分。

各地的红鹳摄食范围都差不多。它们吃贝类、鱼卵以及水中的昆虫。红鹳把喙连同头的一部分伸进淤泥里寻找这些食物。与此同时，它们会一直不停地上上下下抖脚，这样，裹着食物的淤泥就被送入喙中，然后由嘴里的细齿咬住。凯茨比说，红鹳在翻动这片储存着大量食物的淤泥时，会吞下一些类似于小米的小圆种子。不过这些所谓的种子实际上只是一些昆虫，尤其是苍蝇和小飞虫的卵，在南美洲的海滩以及北部低地都很常见。德莫佩尔蒂先生说，他曾在北部低地见过一些湖泊上覆盖满了这些像高粱种子一样的昆虫卵。显然，对生活在美洲岛屿上的红鹳来说，这种美食享之不尽，而在欧洲的海岸边的红鹳则以鱼为生，它们喙里武装着的那副尖齿用来对付那些滑溜溜的食物再合适不过了。

红鹳依海岸而生。如果人们在罗讷河这样的河流边看见它，那一定离河流的入海口不远了。它们总在环礁湖、盐碱地和低洼的海岸边栖息。有人注意到，当试图喂养它的时候，必须给它喝盐水。

红鹳总是成群结队，捕鱼的时候很自然地排成一列，从远处看是一道独特的风景，就像一排排列队的士兵。这种排队的习惯贯穿始终，它们连在海滩上休息的时候都一个挨着一个整齐地排列。群体中会有些鸟充当哨兵，起到一定的保卫作用，这是所有群居鸟类的天性。其他红鹳把头伸进水中捕鱼时，"哨兵"会高昂着头，十分显眼；如果有什么事引起了它的警觉，它会发出尖利的如同小号一般的叫声，相隔很远都能听见。随后，整个鸟群都会起身飞走，飞翔的姿势和鹤很像。可是当人们有意去吓它们时，惊吓过度的红鹳会傻傻地一动不动，猎手这时便有充足的时间将它们一个不落地打倒在地。这是杜泰尔特亲眼所见。这样一来，不同的旅行家对红鹳所做的大相径庭的描述——有人说红鹳疑心重，几乎不让人靠近，而另一些人则说它又笨重又胆小，是任人屠杀的羔羊——也有了合理的解释。

红鹳肉质鲜美，是一道佳肴，凯茨比将它媲美于山鹬。丹皮尔说，它的肉虽然精瘦，但口感极好。杜泰尔特认为，它即便带点沼泽的腥味，仍然美味至极。大部分游客的评价也是如此。德佩雷斯克[①]先生可能是唯一说它难吃的人。对于这一结果，除了气候差异的因素，红鹳经过长途跋涉飞抵法国海岸的疲惫也是原因之一。在古人那里，它可是一道可口的野味：罗马学者菲洛斯塔特斯（Philostratus）的宴饮中少不了它；朱文纳尔指责罗马人骄奢淫逸，就是因为他们的餐桌上满是上等的红鹳以及来自斯基泰

大红鹳

（Scythia）的珍禽；罗马美食家阿比修斯（Apicius）对烹制红鹳肉很在行，普林尼说他贪吃起来可以"断送一切物种的未来"。阿比修斯发现，红鹳的舌头才是最珍贵的部位，味道绝美。还有一些旅行家，或者受前人观点影响，或者自己亲口品尝过，也说这一部位最诱人。

　　红鹳的表皮外有一层绒毛，与天鹅的绒毛具有相同的作用。驯化红鹳比较容易，或者在幼鸟尚在巢中时就将其抓走，或者在它们成年之后通过设陷阱等方式抓捕。即便红鹳在自由状态下很有野性，可是一旦被俘获它会变得顺从，甚至和人类之间建立起感情。事实上，红鹳易受惊吓，并不傲慢，它们在被追赶时受到的惊吓，即使被擒后仍让它们感到惴惴不安。印第安人已经把它们彻底驯化了。德佩雷斯克先生见过一些很温顺的红鹳，描述了不少它们被驯化后的生活细节。他说，红鹳进食多是在晚上，并且会把人们喂给它的面包浸到水里。它们很怕冷，喜欢靠近火炉，有时近得甚至烧着自己的脚。如果一只腿无法行走了，它们会用喙支撑着地面当作一只脚或者拐杖，辅助另一条腿行走。它们睡眠很少，休息时单脚站立，另一只脚缩在肚子下。不过，它们体质娇弱，在我们生活的气候带很难饲养。尽管它们看起来很习惯驯养的生活，表现得很温顺，但这一状态并不符合其天性，坚持不了很长时间。被驯养之后的红鹳无精打采，缺少活力，因为没有繁衍后代的压力，它们从未在家养状态下生育过。

猛禽

安第斯神鹫

如果说飞行能力是鸟类最本质的属性，那安第斯神鹫应该被视作鸟中之王。鸵鸟、鹤鸵以及渡渡鸟的翅膀和羽毛并不适合飞行，它们无法离开地面，和安第斯神鹫相比差远了。从某种意义上来说，这些鸟算不上真正的鸟类，它们是一些陆生的双足类动物，是鸟类向四足类动物过渡的分界线。狐蝠、马斯克林狐蝠、吸血蝙蝠则从相反的方向上，反映出从四足类到鸟类的过渡。安第斯神鹫拥有大自然赋予鸟纲生物的一切完美特质和优点，甚至比鹰更胜一筹。它的翼展最大能达到 18 法尺，躯体、喙和爪相应地很大、很强壮；它不仅力量大，勇气也惊人。为了正确地呈现其身形与比例，我们最应该引用弗耶[1]神父的描述，他是唯一一个对这一物种做出过详细描述的博物学家和旅行家。"安第斯神鹫是一种生活在秘鲁伊洛山谷的猛禽……我看到一只栖息在一块大岩石上，我慢慢地靠近，在猎枪射程范围内开枪射击。不过我的猎枪中只有一些大铅块，一枪下来不能完全穿透它的羽毛。从它飞翔的姿势我看出它受伤了，因为笨拙而吃力地起飞后，它只能勉强抵达距离刚才位置 500 步远的海岸边的大岩石上。所以我又在猎枪中装了一颗子弹，一枪射中其喉咙下方。我感觉一切尽在掌握之中，

---

[1] 弗耶（Louis Feuillée，1660—1732），法国教士、植物学家、天文学家。——译者注

《博物学词典》鸟类学卷中的安第斯神鹫（*Vultur gryphus*）插图

便跑过去想把它带走。谁料弥留之际神鹫仍垂死挣扎，它仰面躺在地上，对我利爪相向，弄得我不知该从何下手。我甚至觉得，如若不是它受了致命的伤，要擒获它对我来说还真不是件容易的事。最终，我把它从岩石顶端拖下来，在一个水手的帮助下运到我的帐篷里，以便勾画它的外形并上色。

"我十分精确地测量出，这只神鹫的翅膀从一端到另一端有 11 法尺 4 法寸长；大羽毛乌黑发亮，长 2 法尺 2 法寸。长达 3 法寸 7 法分的巨大的喙与其庞大的身躯比例相当，喙的前半部分尖利有钩，最前端呈白色，其余部分都是黑色的。整个头顶都覆盖着淡淡的短小绒毛，黑色的眼睛周围有一圈红褐色的毛发。体羽以及肚子以下直到尾部末端的部位都是浅褐色的，背部则是略显暗沉的褐色，从大腿到膝盖也都覆盖着褐色的羽毛。股骨长度为 10 法寸 1 法分，胫骨长 5 法寸 2 法分。脚爪上三趾向前，一趾向后，向后的脚趾长 1.5 法寸，只有一个关节，末端是长达 9 法分的黑色指甲。三个前趾的中趾，也是最大的趾，长达 5 法寸 8 法分，有三个关节，末端的趾甲长 1 法寸 9 法分，和其他脚趾的趾甲一样都是黑色的。三个前趾中内侧的脚趾长 3 法寸 2 法分，有两个关节，末端趾甲的尺寸与中趾的相同。长在外侧的前脚趾长 3 法寸，有四个关节，趾甲长 1 法寸。胫骨上覆盖有细小的黑色鳞片，脚爪上也有鳞片，不过尺寸更大。

"这些动物一般栖息在能找到食物的大山中，只有在雨季时才下到海岸。因为它们畏寒，去那里可以得到温暖。而且，它们尽管栖息于热带深山之中，还是因为山中终年积雪而会感到寒冷。冬天的雪尤其厚，而从这个月 21 号起就已经入冬了。

　　"除了伴随着暴风雨翻涌而出的一些大鱼，神鹫在海岸边能找到的食物很少，这使得它们无法在此长期停留。它们一般晚上来，在此度过整个黑夜，一早又飞走。"

　　弗雷西耶[1]游历南部海域时，在游记中用这样的话语描述神鹫："一天，我们杀死了一只叫作'康多神鹫'（安第斯神鹫）的猛禽，它张开双翼有 9 法尺，头顶上褐色的肉冠像公鸡的冠一样没有分叉。脖颈前端呈红色，没有羽毛，和印度火鸡差不多。它体形庞大，力量惊人，一般来说，抓取一只羊羔不成问题。文学家加西拉索[2]说他在秘鲁看见的那只张开双翼有 16 法尺长。"

　　其实，弗耶神父和弗雷西耶描绘的这两只神鹫好像是这一种类中体积最小、年纪最轻的，其他旅行家描述的那些则要更大。达贝维耶[3]神父和德拉埃特[4]确信，神鹫比鹰要大两倍，它的力量很强大，可以掳走一只母羊并且将它整只吞下，不会放过一头雄鹿，轻而易举就能打倒一个人。神学家德阿科斯塔[5]和文学家加西拉索说，他们看见过的神

① 弗雷西耶（Amédée-François Frésier，1682—1773），法国博物学家、探险家、工程师。——译者注
② 加西拉索（Garcilaso de la Vega，1539—1616），西班牙作家、历史学家。他出生于秘鲁，有印加人血统。——编者注
③ 达贝维耶（Claude d'Abbeville，? —1632），法国圣方济各会修士，曾参加传教团前往巴西地区活动。——编者注
④ 德拉埃特（Joannes de Laet，约 1581—1649），荷兰地理学家和荷属西印度公司负责人。——编者注
⑤ 德阿科斯塔（José de Acosta，约 1540—1600），西班牙耶稣会传教士、博物学家。——编者注

安第斯神鹫

鹫翅膀张开后分别有15法尺和16法尺，尖利的喙可以啄穿奶牛的皮，两只神鹫就能合力杀死并且吃掉一头奶牛，它们甚至连人肉都吃。幸亏神鹫的数量很少，要是它们数量庞大，所有的牲畜都要遭殃。航海家德马歇[①]说，神鹫的翼展超过18法尺，钩状的爪子粗壮有力。美洲的印第安人相信，神鹫能抓取并带走一头雌鹿或者一头小母牛，就像抓走一只兔子一样轻松。它的个头和绵羊差不多，肉难以咬动，闻起来有腐臭味。它视力敏锐，目光坚定，近于冷酷。由于拍动巨翅需要的空间太大，它们不大造访森林，而是经常在海岸、河边、稀树草原或是天然牧场上活动。

英国博物学家雷以及他之后几乎所有的博物学家都认为安第斯神鹫是秃鹫属的，因为它的头部和颈部没有羽毛。不过，人们对此也可以提出质疑，因为神鹫的天性似乎和鹰更为接近。旅行家们说，神鹫很勇猛，相当傲慢；它敢单独袭击人类，杀死一个10岁或是12岁的小孩易如反掌；它能截住一群绵羊，随心所欲地选择抓走哪一只；它能抓走狍子，杀死雌鹿和母牛，也能捉住大鱼；它和鹰一样，靠狩猎所得为生；它们爱吃活物，但也不是不吃腐肉。这一切的习性都更接近于鹰，而非秃鹫。不管它属于哪一种类，在我看来，这一因罕见而鲜为人知的鸟，分布范围不仅仅局限于美洲南部地区。我相信，在非

---

① 德马歇（Chevalier des Marchais，生卒年不详），法国航海家、测绘员。他到达过非洲西海岸、西印度群岛和南美洲海岸。他的航海图和笔记于1731年出版。——编者注

洲、亚洲甚至欧洲，都能寻得它的踪影。加西拉索的一种说法是有道理的，他说秘鲁以及智利的神鹫和阿拉伯民间传说里的东方大鹏是同一种鸟，马可·波罗也曾提到过它。加西拉索将马可·波罗和阿拉伯民间传说放在一起说也是道理的，因为马可·波罗的叙述几乎和阿拉伯传说同样夸张。他说："在马达加斯加岛上有一种被人们称作'鹏'的神奇鸟类，和鹰很像，但又比鹰大了不知多少倍……翅膀上的羽毛差不多有6英寻①，躯干同样大。它精力旺盛，力量惊人，仅凭一己之力而无须任何帮助就能把一头大象抓到半空中，再任其摔下，将其杀死，从而尽情享用它的肉。"无须对此做更多批判性思考，仅通过一些更加可靠的事实就能把它推翻，比如上文提到的和下面我们将要举出的实情。德布罗斯②运用批判精神精心编写了《南部地区探索史》（*Histoire des navigations aux terres Australes*），他在书中提到一种和鸵鸟一样大的鸟，我认为应该就是美洲神鹫和东方大鹏。同时我也认为，生活在塔尔纳萨尔（Tarnasar）周边地区，身形比鹰大，喙宛如一把利剑的猛禽，以及塞内加尔可以掳走孩童的秃鹫都是安第斯神鹫。还有北欧拉普兰地区的和绵羊一样大的野鸟，勒尼亚尔③和拉马蒂尼埃④曾描述过它，马格努斯⑤还叫人雕刻过它的巢，这种鸟有可能也是神鹫。姑且不和远处的鸟比较，就说德国的胡秃鹫还能被划归到什么别的种类中去呢？这种以小羔羊或者绵羊为生的鹫，在德国与瑞士各个时节都能看见，比鹰的身形大得多，只可能是安第斯神鹫。格斯纳根据一位值得信赖的作家（法布里西乌斯⑥）的描述，叙述了以下事实。德国城市米森（Miesen）和布里萨（Brisa）的一些农民，每天都会

---

① 1英寻约合1.83米。——译者注

② 德布罗斯（Charle de Brosses，1709—1777），法国文学家、历史学家。——译者注

③ 勒尼亚尔（Jean-François Regnard，1655—1709），法国文学家。——译者注

④ 拉马蒂尼埃（Bruzen de La Martinière，1683—1746），法国历史学家。——译者注

⑤ 马格努斯（Olaus Magnus，1490—1557），瑞典作家。——译者注

⑥ 法布里西乌斯（Georg Fabricius，1516—1571），德国诗人、历史学家、考古学家。——译者注

丢失一些牲畜，他们在森林中反复寻找但却一无所获。后来，搭建在三棵橡树上的一个大鸟巢引起了他们的注意。大鸟巢由木杆和树枝组成，面积很大，下面能停下一辆马车。他们在鸟巢中发现三只体形已经不小的雏鸟，它们的翅膀张开有 7 厄尔[①] 长，小腿比狮子的还粗壮，趾甲和人的一样大一样粗。鸟巢中有好几张牛皮和羊皮。德博马尔[②] 先生和萨莱尔纳先生与我一样，认为阿尔卑斯的胡秃鹫应该就是秘鲁的神鹫。德博马尔先生说，胡秃鹫一边翅膀有 14 法尺长，残忍地猎杀山羊、母羊、岩羚羊、野兔和旱獭。萨莱尔纳先生也讲述过一个对这一主题很有说服力的事实，这个事实很重要，在此我要完整地引述："1719 年，德拉丹（Déradin）先生，即迪拉克（Du Lac）先生的岳父，在他位于圣马丹达巴教区的米卢尔丹（Mylourdin）城堡杀死了一只鸟，体重 18 里弗尔[③]，翼展 18 法尺。这只鸟绕着一片池塘飞了好些天，翅膀被两枚子弹射穿，躯干上黑色、灰色、白色交杂，肚子上一片鲜红，羽毛卷曲。米卢尔丹城堡以及卢瓦尔河新堡中都有人吃到了它的肉，并称其肉质坚硬，闻起来有股轻微的泥沼味。我看见并且仔细观察了它翅膀上的一片小羽毛，这片羽毛比天鹅的正羽还要大。这只奇特的鸟看起来似乎就是安第斯神鹫。"事实上，超乎寻常的硕大身形应该被视作一个关键的特征。尽管阿尔卑斯山一带的胡秃鹫和秘鲁的安第斯神鹫在羽毛的颜色上有所不同，但这并不能阻止人们把它们归于同一种类，除非我们获得关于这两种动物的更加精确的描述。

根据旅行家们的描述，秘鲁的神鹫有着黑白交错的羽毛，像喜鹊一样。在法国米卢尔丹城堡被射杀的这只大鸟，很像是神鹫，不仅因为它翅膀长 18 法尺，体重 18 里弗尔，身形庞大，更因为它的羽毛颜色也是黑白交错。根据种种明摆着的迹象，我们可以确信，这一鸟类最

---

① 1 法国厄尔约合 1.37 米。——编者注

② 德博马尔（Valmont de Bomare，1731—1807），法国博物学家。——译者注

③ 里弗尔，法国古重量单位。在布丰的时代，1 里弗尔约合 490 克。——译者注

高等的品种，尽管个体数量十分稀少，但在两片大陆都有分布。它们可以以任何猎物为食，唯一害怕的就是人类，所以它们远离人类居住地，只在大沙漠或者高山中生存。

另一种南美洲的鸟被在当地殖民的欧洲人誉为"王鹫"，是外形最美观的秃鹫。布里松 ① 先生根据皇家陈列馆中的一例收藏做出了具体详尽的描述。爱德华兹先生在伦敦看见过好几只这样的鸟，他也做了细致的描绘和精心的刻画。下面，我们要把这两位作者以及此前学者的描述与我们自己的观察结合起来，尝试对王鹫的外形和习性进行一番总结。毫无疑问，王鹫是一种秃鹫，因为它的头部和颈部都没有羽毛，符合秃鹫属最显著的特点。不过它的躯干，从喙的末端到脚底或者尾部，只有 2 法尺 2 法寸或者 3 法寸长，算不上最大的，只和雌火鸡相当；尽管翅膀折起来时一直延伸到尾部末端，但相对来说也没有其他秃鹫大；其尾部长度还不到 8 法寸。它的喙坚硬厚实，前端笔直，只在末端形成一道弯钩。有些鹫的喙全是红色的，有些只有末端是红的，中间部分是黑色的；喙的根部环绕包裹着一层橘色的表皮，面积很大，向上延伸直到头顶。它的鼻孔也位于这块表皮之上，形状狭长；鼻孔之间的表皮隆起，好像一个边缘有小缺口、会移动的肉冠，会随着头部的运动，任意地倒向一边或是另一边。它眼睛周围是一圈鲜红色的表皮，虹膜有着珍珠的颜色和光泽。头部和颈部无毛，头顶覆盖着肉色的表皮，头部后端的红色表皮颜色较鲜艳，前端则较为暗淡。头部后方耸起一小撮黑色的绒毛，在绒毛处和喉颈下方的区域有一层棕色的褶皱的表皮，表皮前方混杂着蓝色和红色；这层表皮上有一道道细痕，覆盖着黑色的绒毛。面颊或者说是头的两侧都覆盖有黑色绒毛，在喙与眼睛之间、喙角之后的地方，两侧各有一块棕红色的斑。脖颈前半部分的两侧各有一条竖线，附有黑绒毛，两道竖线之间的区域是暗黄色的；脖颈呈红色，

① 布里松（Mathurin Jacques Brisson，1723—1806），法国动物学家、自然哲学家，法兰西科学院院士。——译者注

颜色往下逐层变化，最后变为黄色；脖颈裸露的部位下方，有一圈颈毛，由长长的柔软的深灰色羽毛构成。这圈颈毛环绕着整个脖颈，一直延伸到胸部，覆盖面积足够广，以至于王鹫可以把脖子和一部分头缩进去，就像戴着顶风帽。这也是有些博物学家把这种鸟称作"僧侣"的原因。它胸部、腹部、大腿、小腿还有尾部末端的羽毛是白色的，并略带一点金黄色；臀部和尾部以上区域的羽毛因不同个体而异，有些呈黑色，有些是白色的；尾部其他的羽毛则一律是黑色的，翅膀上的正羽也总是黑色的，通常还镶着灰色的边。脚及趾甲的颜色也会因个体的不同呈现出一些差异，有些王鹫的脚是暗白色或者浅黄色的，趾甲有点黑，有些的脚和趾甲则是浅红色的。它们的趾甲都很短，没有什么弧度。

《博物学词典》鸟类学卷中的王鹫（*Sarcoramphus papa*）插图

　　这种鸟来自美洲南部，不像一些作家所说的来自印度东部。我们在皇家花园陈列馆看到的这只，是从圭亚那的卡宴城运来的。纳瓦雷特[①]在

① 纳瓦雷特（Domingo Nuvarrete，约 1610—1689），西班牙道明会教士、大主教，曾经由墨西哥前往菲律宾和中国传教。——编者注

提到这只鸟的时候说："我在墨西哥的阿卡普尔科见过王鹫，这是我们能看到的最漂亮的鸟类之一……"佩里（Perry）先生在伦敦从事外来动物买卖，他向爱德华兹先生证实，这种鸟只有美洲有。埃尔南德斯[1] 在《新西班牙史》(*Histoire de la nouvelle Espagne*)中详细描述了这种动物，不可能再让人搞混。费尔南德斯、尼伦贝格和德拉埃特此后都是重复埃尔南德斯的描述，他们一致认为，这种鸟在墨西哥和新西班牙地区都很常见，而我分析的旅行家们的著作中也没有任何关于这种鸟在非洲和亚洲的行踪的记载，我基本可以确定它是新大陆南部地区特有的物种，在旧大陆上不存在。

另外，这种美丽的鸟既不爱干净，也不显高贵，性情也不宽厚。它只会袭击最弱小的动物，只吃老鼠、蜥蜴、蛇，甚至动物和人的粪便。它的气味也很难闻，连野人都无法接受它的肉。

被卡宴的印第安人称作"ouroua"或者"aura"，被巴西的印第安人称作"urubu"，被墨西哥的印第安人称作"zopiloti"，被圣多明戈的法国人还有我们的旅行家们戏称为"生意人"的鸟，也应该被划归到秃鹫属。因为它也具有秃鹫的习性，和秃鹫一样有着鹰钩嘴和"寸草不生"的头颈部。但是它的其他一些特征跟火鸡很像，以至于西班牙人和葡萄牙人把它叫作"gallinaço"或是"gallinaça"（意为"鸡"）。它

王鹫

---

[1] 埃尔南德斯（Francisco Hernández de Toledo，1514—1587），西班牙医生、博物学家。——译者注

《儿童图解百科》中的秃鹫（*Aegypius monachus*）插图

的大小仅相当于一只野生的鹅，头看起来很小，因为头部和颈部只有裸露在外的皮肤，上面稀稀拉拉地长着几根黑毛；这层皮很粗糙，夹杂着蓝色、白色和浅红色。翅膀收拢的时候，可以完全覆盖甚至超出本就相当长的尾部。它的喙呈黄白色，只有末端带有弯钩，喙的根部有一层裸露的皮肤，黄中带着红色，一直延伸到喙的中部。眼珠的虹膜是橙色的，眼睑是白色的。周身羽毛是棕色或者浅黑色的，泛着时而绿色时而暗红色的光泽。它的脚上苍白无血色，趾甲为黑色。这种鸟的鼻孔比其他秃鹫的要长。它更胆小，更脏，更贪吃，宁愿吃腐肉和粪便，也不愿去猎寻活物。可是，它飞得很高，如果鼓起勇气追逐猎物的话，也能飞得很快；不过它几乎只袭击尸体，偶尔的狩猎也是集结成群，去袭击熟睡或者受伤的动物。

"生意人鸟"就是科尔布笔下的名叫"海角之鹰"的鸟，也分布在非洲和美洲南部大陆。人们不经常在北方地区看见它，所以它似乎飞越了巴西和几内亚之间的海洋。汉斯·斯隆在美洲看见并仔细观察过好几只这样的鸟，他说它们飞起来像鸢，而且总是很瘦。因此，有着如此轻盈的翅膀和躯干，它们飞越分隔两块大陆的海洋就更解释得通了。埃尔南德斯说它们只吃动物尸体甚至人的粪便，它们在大树上集合，成群结队地飞下来吞噬腐烂的动物尸体。他还说，它们的肉散发着一种难闻的气味，比乌鸦的味道更浓烈。尼伦贝格也说它们成群结队地在高空中飞行，夜晚栖息在很高的树木或者岩石上，白天飞去有人居住的地区附近。它们的目光很敏锐，从很远的高处就能看到死去的能让它们饱餐一顿的动物尸体。它们很安静，不会吵嚷，也从不啼叫，人们只在少数情况下听到过它们的低吟。它们在美洲南部地区很常见，雏鸟刚出生时是白色的，后来慢慢长大，逐渐变成棕色或者浅黑色。马格拉夫在描述这种鸟的时候说，它的脚是浅白色的，眼睛很好看，有着红宝石的颜色，舌头边缘呈内凹和锯齿状。希梅内斯① 也坚称，这种鸟只成群结队地在高空飞行，它们会集体作战，扑向同一个猎物，一顿狼吞虎咽直到只剩下一些骨头，甚至会吃得太撑以至于起飞都困难，但彼此之间没有任何的争抢。德阿科斯塔提过的叫作"poullazes"的鸟也属于这一种类。他说："这种鸟超乎寻常地轻盈，目光十分敏锐，所到之处不会留下任何的尸体或者腐肉，所以尤其适合清扫城市。它们夜晚栖息在树木或者岩石上，早上去城市里，待在最高的建筑物的顶端，窥伺和等候着猎物。雏鸟的羽毛是白色的，随着年龄的增长会变成黑色。"德马歇说："我觉得这些被葡萄牙人称作'鸡'，被圣多明戈的法国人称为'生意人'的鸟，是印度火鸡的一种。只不过它们习惯了吃尸体和腐肉，不再像其他火鸡一样以种子、水果和杂草为生。它们跟随着猎人的脚步，尤其是那些只想获得动物毛皮的猎人。被这些猎人遗弃的肉，若没有这些鸟类的帮助，会在原地腐烂，污染空气。这些鸟眼中所见不止是一具去皮的躯壳，它们会呼朋引伴，像秃鹫一样聚集在尸体上，眨眼间就把肉吃得精光，只留下仿佛用刀刮过一般干净的骨头。居住在一些大岛屿和内陆的西班牙人，以及生活在盛产皮革地区的葡萄牙人，对这种鸟都特别照顾，因为它们能吞食腐尸，避免污染空气，给人类带来很大的帮助。要是有猎人怠慢了这种鸟，他将被处以一笔罚款作为代价。在这样的保护下，这种长相难看的印度火鸡大量繁殖，在圭亚那、巴西、新西班牙和一些大岛屿上都能看到它们的身影。它们身上的腐臭味无法消除，即便被杀死后立

---

① 希梅内斯（Francisco Ximénez, 1666—约 1729），西班牙天主教神父、博物学家。——译者注

刻就切掉臀部、去除腑脏也无济于事。它们的肉十分坚硬，难以咬动，像韧皮纤维，带着一种让人无法忍受的恶臭。"

科尔布说："这种鸟以死去的动物尸体为生，我本人也见过好几次被它们吃剩下的母牛、公牛还有其他野生动物的骨架。我把这些残留物称为骨架，是有根据的，因为这种鸟能十分精细地分离开肉、骨和皮，最后留下一具完好无损的骨架，上面甚至还覆盖着皮，好像从来没有被动过一样。人们只有在离得十分近的时候，才能发现这是一具被掏空的尸体。它们是怎样做到的呢？首先，它们在动物的腹部开一道口，掏出内脏吃掉，有了空间之后，再一点点探身进去，把肉刮下来。生活在海角的荷兰人把这种鸟叫作'stront-vogels'或者'stront-jagers'，即'搜寻粪便的鸟'。当人卸下公牛的犁，让它自己回牛栏，它常常会在路边躺下休息。这些鸟如果看见了，必定会冲下去把它生吞活剥。当它们想要袭击一头母牛或者公牛的时候，会集合起来一起围攻猎物，集合的成员数以百计甚至更多。它们的视力极佳，好到能在极高的地方发现猎物，同样也能避开一些视力更敏锐的天敌；一旦时机成熟，它们会垂直俯冲向窥伺已久的猎物。这些鸟比野鹅稍微肥大一点，羽毛一部分是黑色的，一部分是亮灰色的，不过黑色还是占多数。它们的喙很大，有弯钩，很尖利，爪子大而尖。"

凯茨比说："这种鸟重 4.5 里弗尔，头部和部分颈部呈红色，没有毛，和火鸡一样多肉，一些散布的黑毛清晰可见。其喙长 2.5 法寸，有一半覆盖着肉，白色的末端像隼一样有弯钩，不过上颌骨上并没有细钩。鼻孔极大，张得很开，和眼睛相隔很远。躯体的羽毛深红色和绿色混杂。肉色的小腿很短，脚趾和家鸡的一样长，黑色趾甲的弧度没有隼的大。它们以动物腐烂的尸体为生，不停地飞翔觅食；它们能长时间保持滑翔，自如地起飞降落，人们根本觉察不到它们的翅膀在动。一具尸体就能引来一大群'海角之鹰'，看着它们一边吃着食物一边争斗，也是一

202

件趣事。通常会有一只鹰占据有利的位置，它大快朵颐的时候不让其余的鹰靠近半步。这些鸟的嗅觉很灵敏，只要有一丁点腐肉，就能看见它们从四面八方飞来，盘旋着下降，一点点地靠近。人们通常认为它们不吃活物，但我听说过有些鹰猎杀羊羔的事情，而且它们也常常吃蛇。海角之鹰习惯在白天三两成群地栖息在古松柏上，一待就是好几个小时，翅膀完全张开。它们不怎么害怕危险，尤其是在享用美食时，全然不顾有人靠近。"

秃鹫

我们应该把之前知道的与这只鸟有关的一切联系起来，因为我们总能从陌生的国度，尤其是荒漠之中寻得自然的法则。飞禽走兽为了不停躲避人类，不可能保留它们最真实的天性。然而我们可以从美洲沙漠里的秃鹫身上，看到生活在我们身边的这种鸟类本该有的习性。如果不是我们生活的地方人口密度太大，秃鹫就不用担惊受怕，而能大范围地聚集、繁殖、觅食了。这才是秃鹫的天性，所有地方的秃鹫都一样，即贪婪、胆小、肮脏、面目可憎，和狼一样，生前有害，死后无用。

雕鸮

　　诗人们把鹰题献给朱彼特，把雕鸮题献给朱诺。因为雕鸮是黑夜之鹰、鸮中之王，它害怕阳光，所以只在太阳落山的时候外出行动。乍一看，雕鸮似乎和一只寻常的老鹰一样壮实。实际上，它的体格要小一点，身体比例也和老鹰完全不同。它的小腿、躯干和尾部比老鹰的短，头比老鹰的大得多，翅膀没有那么长，翼展只有近 5 法尺。雕鸮很容易辨认，它有着肥硕的外形，大大的脑袋，耳孔又宽又深，头上耸起两圈超过 2.5 法寸高的冠毛，黑色的喙短小而钩曲。两只大眼睛目光坚毅而清澈，黑色的大眼珠被一圈橙色的环状物围绕着。脸四周围了一圈奇形怪状的白色短毛，边缘处是另外一种卷曲的小毛，轮廓十分明显。黑色的趾甲又坚硬又弯曲。脖子短，羽毛整体上呈棕红色，背部有黑色和黄色的斑点，腹部有黄色的斑点，黑斑和一些棕色的条纹夹杂在一起叫人眼花缭乱。脚上盖有一层厚厚的绒毛，另有浅红色的羽毛一直延伸到脚趾。它"哼呼、哼呼"的叫声听起来很骇人，回荡在万籁俱寂的夜空，令其他动物惊醒和感到焦虑，然后雕鸮会追捕、俘获或者杀死它们，再把它们撕碎，以便它一片一片运回穴居的山洞。

出版于 1837 年的《新版布丰全集》中的雕鸮（*Bubo bubo*）插图

雕鸮只栖息在岩石或者高山上废弃的塔楼内，很少下到平原地区，它不会主动停在枝头，但会在偏僻的教堂和古堡上驻足。它最常捕获的猎物是小野兔、家兔、鼹鼠、田鼠、家鼠等，它可以整只吞下去，将肉消化掉，把皮毛和骨头卷成圆团吐出来。它也吃蝙蝠、蛇、蜥蜴、蟾蜍和青蛙，并用它们喂养自己的幼崽。它狩猎起来战斗力极强，巢里堆得满是战利品，总量比其他猛禽巢里的都多。

　　因为外形奇特，雕鸮成了动物园的座上宾。在法国，雕鸮数量没有其他鸮类多，也不一定整年都待在这里。它们有时候会在空心树里做巢，不过大多数时候都把巢安在岩洞里或者古老高墙的洞孔中。它们的巢直径将近 3 法尺，由干枯的小树枝和柔软的根茎交织而成，巢里用树叶做铺垫。人们通常能在巢中发现一到两枚卵，很少有三枚。卵的颜色与鸟羽的颜色比较接近，个头比鸡蛋大得多。雏鸟胃口很大，因此造就了雌鸟和雄鸟高超的捕猎本领，它们能悄无声息地拿下猎物，动作之迅捷轻巧和它们那臃肿的体态形成了强烈的反差。它们常和鸢争抢猎物，结果往往是雕鸮占上风，最终带走猎物。和其他夜行鸟类相比，雕鸮更能适应白天的阳光，因为它们晚上出来得最早，早上回去得最晚。人们有时看到它被小嘴乌鸦攻击，被它们追逐，成百上千的乌鸦将它团团围住。对于乌鸦的冲撞，雕鸮应对自如，发出一阵阵更为响亮的叫声就能驱散它们，如果恰巧赶上太阳落山，光线渐暗，还常会捕获一两只。尽管雕鸮的翅膀比大部分高空飞行的鸟类要短，但这并不妨碍它们凌空高飞，尤其是在黄昏之际；白天的其他时候它们则通常做低空的短途飞行。人们常常在训隼术中用它来引诱鸢，给它系上一条狐狸尾巴，把它打扮得更加有魅力。之后，雕鸮几乎贴着地面飞行，在村庄里盘旋绕过一棵棵树木，不做任何停留。鸢远远地就看到它，一点点地靠近，不是为了打斗或者攻击，只是想要好好地欣赏它。鸢会在雕鸮近旁停留很长时间，这样一来猎人就有充足的时间射杀它或者放出驯养的猎鹰将它捕获。大部分的养鸡人也会在养鸡场中喂养

205

雕鸮

一只雕鸮。装在笼子里的雕鸮被放在位于开阔场地的栖架上，这样一来，大乌鸦和小嘴乌鸦会聚集到它周围，人们就能射死更多的乌鸦，因为乌鸦这种聒噪的鸟类常常惊扰小鸡。而为了不使鸡受到惊吓，饲养人一般采用装有弹丸的吹管攻击乌鸦。

有人观察过雕鸮身体内部的结构，它的舌头短但很宽大，胃的容量惊人，眼珠被包裹在一个胶囊样的软骨膜中，只有一层比其他鸟类都厚的膜保护着大脑，而其他鸟类和四足类动物一样，脑髓外覆盖着两层薄膜。

这种鸟共有两个变种，两者相似度很高，它们分布在意大利。博物学家阿尔德罗万迪对此做过一番描述。其中一种被人们称为黑翅雕鸮，另一种被称为裸足雕鸮。黑翅雕鸮和普通雕鸮的区别仅仅在于羽毛的颜色，它翅膀、背部和尾部的羽毛更偏向黑褐色；裸足雕鸮的羽毛也很黑，在颜色上和黑翅雕鸮没有什么区别，唯一不同于前者的地方在于它小腿和脚上羽毛很少，几乎是裸露的。和常见的雕鸮相比，这两个变种的小腿更细更柔弱。

除了这两个和我们生活在同一气候带的变种，雕鸮在一些更为偏远的地方还有其他种类。博物学家林奈提到过的拉普兰地区长有黑斑的白鸮似乎是在北部寒冷的气候中产生的一个雕鸮变种。我们知道，在十分严寒的地区，大部分的四足类动物生来就是白色的或者后天渐渐变成白色的，大多数的鸟类也遵循这一规律。人们在拉普兰山区发现的这只鸮和普通的雕鸮相比，除了羽毛是白色的并带有一些黑斑，别无他异。因此我们可以把这种鸟看作雕鸮的一个变种。

《新版布丰全集》中的长耳鸮（Asio otus）插图

雕鸮不是很怕热，也不怕冷，人们在新旧大陆的南北端都能看到它的身影，常见的、不常见的，应有尽有。马格拉夫笔下的巴西"jacurutu"，和我们的大雕鸮绝对是同一种类。别人从美洲最南端带回来送给我们的雕鸮和欧洲雕鸮之间的差别很小，不足以形成一个新的种类。去过哈得孙湾的游客提到过一种叫作"戴冠猫头鹰"的鸟，爱德华兹先生也说过一种名叫"弗吉利亚雕鸮"的鸟，它们都是雕鸮的变种，分布在美洲以及欧洲地区。它们和普通雕鸮相比，最大的区别在于冠毛从喙部而非耳朵生出。我们也可以看看阿尔德罗万迪描述的三只雕鸮的形象，只有第一只是普通雕鸮，它的冠毛是从耳边长出来的；其他两只都是意大利变种，冠毛从喙的根部而非耳边生出，爱德华兹先生描述的弗吉利亚雕鸮也是如此。波兰博物学家克莱因先生说弗吉利亚雕鸮和欧洲雕鸮因为冠毛起始部位不同而成为两种完全不同种类的鸟，我认为他这么说太草率了。如果他曾比较过阿尔德罗万迪以及爱德华兹描述过的这两种雕鸮的话，他会发现，不管是意大利雕鸮还是弗吉利亚雕鸮，冠毛都是从喙边长出来的，这样的差别只能构成一个变种。一般来说，雕鸮的冠毛并不完全是从耳边生发出来，更像是从眼睛以及喙根的上部区域长出来的。

蛇 鹫

蛇鹫和一只鹤一样高，和印度火鸡一样壮。它头部、颈部、背部以及翅膀是灰色的，但比鹤的颜色偏褐色；躯体前部的颜色更亮，翅膀和尾部的正羽带黑色，小腿上的羽毛黑中带灰。脖子后边垂着一圈又硬又黑的长羽毛，大部分长达 6 法寸，有些比这短，其中还有些是灰色的，根部都很窄，尖端有毛刺，从颈部上端生发出来。

出版于 1794 年的《珍稀奇特鸟类图鉴》（*Portraits of Rare and Curious Birds*）中的蛇鹫（*Sagittarius serpentarius*）插图

我们描述的这只蛇鹫高 3 法尺 6 法寸，光是跗骨就有将近 1 法寸。它小腿膝盖以上一点的地方没有羽毛。脚趾粗壮而短小，有尖钩状的趾甲；中趾比边趾几乎长一倍，各脚趾间通过一层足蹼联系起来，足蹼的长度达到脚趾的一半，后趾异常发达。它颈部肥厚，头很大。喙很坚硬，从眼角以上的位置开裂；喙的前端呈弧形，很硬实，和鹰的差不多，尖锐锋利。它的眼睛位于一块橙色的光秃的皮肤上，这块皮肤从喙的根部一直延伸到眼角的外围。它另一个与众不同之处在于，它有真正的眉毛，由一排 6 至 10 法分长的黑色睫毛组成。除了这一显著的特征，它颈部上端的一撮羽毛和猛禽的头、涉禽的脚，共同将这种鸟打造成了一个奇异的人们闻所未闻的四不像。

　　它不仅形态上夹杂了多种特点，习性上也混合了各种特征。虽然有着猛禽的利器，但它一点也不凶猛，它的喙既不用来进攻，也不用来防御。它选择逃跑作为自保的方式，避免太过接近敌人，也不会主动挑衅。人们常常看到它为了躲避哪怕很弱小的敌人的追击，连续不停地跳到 8 或者 9 法寸高。温顺而活跃的蛇鹫很容易被驯化。在好望角就有人已经把它变成家养动物，在这片殖民地的一些居所时常能见到它，在离海岸几公里远的内陆地区也能发现它们的身影。人们带走鸟巢中的雏鸟，从小驯化它，不仅是为了观赏，也是希望能为己所用，因为蛇鹫能抓捕老鼠、蜥蜴、蟾蜍和蛇。

　　克尔奥埃恩子爵（Vicomte de Querhoënt）曾给我们讲过他对这只鸟的观察。这位子爵善于观察，他说："当蛇鹫遇到或者发现蛇的时候，它会先用翅膀展开攻击，把蛇搞得筋疲力尽，然后啄起蛇的尾巴，提到空中某一高度，任其重重摔下，之后重复这样的动作，直到蛇最终死去。它张开翅膀能起到加快行动速度的作用，人们常常见到它脚和翅膀并用，半跑半飞地越过农田。它在距离地面几法尺高的灌木丛中做巢，产下两枚白色带红棕色斑点的卵。一旦受到惊吓，它会发出

209

低沉的嘎嘎叫声。它既不危险也不凶残，性情很温和。我曾在家禽饲养场见过两只，它们和家禽平静地相处。人们喂给它们一些肉食。它们钟情于肠子，吃的时候会把肠铺在脚边，就像吃蛇那样。每天晚上它们紧挨着睡觉，一只的头朝着另一只的尾巴。"

此外，这种来自非洲的鸟似乎很快就适应了欧洲的气候，在英国以及荷兰的动物园中都能见到它。沃斯马埃尔[①]先生在奥兰治王子的动物园中喂养了一只蛇鹫，他对这种鸟的生活习惯做出了如下的评价："蛇鹫贪婪地撕碎并且吞下人们丢给它的肉，对鱼也不排斥。休息和睡觉的时候，它们的腹部和胸部是贴着地的。虽然很少发出叫声，但叫起来和鹰很像。它们最常做的运动就是长时间迈着大步来回走动，既不减速也不停顿。很显然，这就是它们'信使'的称号的来由。"同理，它们被称作"秘书"可能是因为颈部上端的那一撮毛。不过，沃斯马埃尔觉得"秘书"的称号应该与他起的"射手"一称相关。人们常常见到蛇鹫乐此不疲地玩一个游戏，即用喙或者爪子抓起一根稻草或者一截细枝，反反复复地把它们抛向空中。沃斯马埃尔说："因为它的性情似乎很活泼、平和，甚至腼腆。当它以完美的平衡感四处奔跑的时候，一旦发现有人靠近，会不停地发出'嘎嘎'的叫声。不过在从被追逐的惊吓中恢复过来之后，它会表现得很随和，甚至很好奇。"沃斯马埃尔补充道："在画师忙着给它作画时，它还会凑到画师跟前，十分认真地伸长脖子瞅着画纸，把头顶上的羽毛高高竖起，好像在欣赏自己的形象。通常，它会张开翅膀探着头走过来，好奇地看看人们在做什么。当我坐在它棚子旁的桌边描绘它的时候，它也像这样三番五次地跑过来看我。每当这时候，或者当它贪婪地采集食物，也就是因好奇和食欲而处于兴奋状态的时候，它会把头部后端的长羽毛高高地竖起，不像平常那样只是任由这些羽毛随意耷拉在颈部的上端。人

---

① 沃斯马埃尔（Arnout Vosmaer，1720—1799），荷兰博物学家、收藏家。——编者注

们注意到，它在六月和二月各换一次毛。"沃斯马埃尔还说："不管人们怎样细致地观察，都没有人见过它喝水，但是它的粪便却是白色的液体，和鹭的一样。为使进食的姿势更舒服，它会蹲在脚爪上，半卧着，然后美餐一顿。它力量最大的地方似乎是脚。如果把一只活鸡放在它面前，它会一爪子重重地踩上去，眨眼间就能要了鸡的命。它也是这样捕杀老鼠的，在此之前它会在老鼠窝前窥伺很久。总之，比起死的动物，它更喜欢吃活的动物，喜欢肉多过鱼。"

蛇鹫

这种奇特的动物被人认识的时间还很短，即便在好望角，人们也所知甚少，因为科尔布以及其他介绍过这一地带的人，都没有提到过蛇鹫。索纳拉继好望角之后，又在菲律宾发现了它的踪迹。

211

松　　鸡

如果仅仅以名而论，我们可以把这种鸟看作一种野鸡或者雉鸡，因为多个国家（尤其是意大利）的人把它们叫作"野鸡"，而其他国家的人把它们称为"吵雉鸡"或者"野雉鸡"。但与雉鸡相比，这种鸟的尾巴长度仅有前者的一半，形状也不一样，尾羽的数目也不同。此外，它们的不同之处还在于松鸡的翼展与其他部位的比例和雉鸡不一样，爪子更粗壮，且没有向后的足趾，等等。此外，尽管这两种鸟都喜欢生活在树林中，人们却几乎从未在同一地点发现它们的踪迹，因为雉鸡畏寒，生活在平原上的树林中，而松鸡喜寒，居住在环绕高山山顶的树林中，后者也因此得名"山鸡"或"林鸡"。

有些人将松鸡看作野鸡的一种，比如格斯纳或其他人，他们的判断应该是基于两种动物的诸多相似之处。事实上的确如此。它们有相似的整体外形和形状特殊的喙，都有长在一块凸起的红色皮肤上的眼睛。它们的羽毛有一个特点，就是每个毛孔里能长出两根，因此毛发数量是普通鸟类的两倍，据贝隆说，这种特质只有家养的鸡才具备。此外这两种鸟习性相同：每只雄鸟都拥有多只雌性配偶，雌性从不筑巢，一心一意孵育后代，对刚刚出壳的幼鸟爱护有加。但如果仔细观察，我们可以发现松鸡的喙下并没有膜，爪上也没有向后的足趾。它的爪上覆盖着羽毛，足趾边缘有锯齿状物。它的尾翎比鸡要多两根，并且不会像后者那样分岔，但竖起来时像火鸡一样呈扇形。它的体形是普通鸡的四倍，并且喜欢居住在寒冷地区，而普通鸡在温带气候中才能更好地繁衍，至今还未出现过这两种鸟混居的情况。它们的卵颜色也并不相同。大家应该还记得我关于鸡来自亚洲温带地区的论证，而前往那里的游客几乎从未见到过松鸡。这样一来，我们几乎可以肯定两者没有任何亲缘关系，然后我们便可以意识到我们之前都被它的名字误导了。亚里士多德曾经对一种他称为"tetrix"的鸟进行过寥寥数语的描述（雅典人称之为"ourax"）。他说，这种鸟从不在树上或地上筑巢，而是在一些蔓生的低矮灌木上面。（Tetrix, quam Athenienses vocanti ὑραγα, nec arbori nec terræ nidum suum committit, sed frutici.[1]）这一句加沙[2]并没有准确翻译，因为：一、亚里士多德在此处讲的并不是灌木，而只是低矮植物，更像是禾木植物、苔藓一类；二、亚里士多德没有说"tetrix"在这些低矮植物上筑巢，而只是说它在这里孵卵，筑巢和孵卵对一个文学家而言看似是一码事，但对于一个博物学家来说，一只鸟完全可以在没有巢的情况下产卵和孵卵，"tetrix"便是如此。亚里士多德在文章较前的部分提到，云雀和"tetrix"从不将卵孵在巢中，而是在地上。所有体形比较笨重的鸟类都是如此，它们会把卵藏在茂密的草丛中。

亚里士多德的这两段关于"tetrix"的逻辑严密的描述，恰与松鸡的一些特征相吻合。比如雌鸟不筑巢，而是将卵产在苔藓上，并且当不得不走开的时候，它会细心地用叶子将卵遮住。此外，老普林尼给松鸡取的拉丁名字"tetrao"，与希腊语"tetrix"有着明显的关联，更不用提雅典人的"ourax"和德国人给松鸡起的名字"ourh-hahn"之间的相似了，但这样的类似也许仅仅是巧合。有件事或许可以令我们稍

---

① 古希腊语，引亚里士多德原文。——译者注

② 加沙（Theodorus Gaza，约1398—约1475），希腊哲学家、翻译家。——译者注

稍怀疑亚里士多德的"tetrix"与老普林尼的"tetrao"究竟是不是同一种鸟。老普林尼详细描述了"tetrao"，却没有引用任何亚里士多德关于"tetrix"的说法，这不合乎他的习惯。如果他认为他的"tetrao"跟亚里士多德的"tetrix"是同一种鸟的话，他不会不引用亚里士多德，除非后者关于"tetrix"的描述太少太浅，没有引起老普林尼的注意。

《博物学词典》鸟类学卷中的雄性松鸡（*Tetrao urogallus*）插图

而阿特纳奥斯[①]口中的"tetrax"显然不是我们的松鸡，因为这种鸟有类似鸡的肉冠，从耳部一直延伸到喉下。这种特征与松鸡完全不符，反而与如今的努米底亚鸡或者珍珠鸡比较相似。

阿特纳奥斯还提过一种小"tetrax"，他说这是一种很小型的鸟类。由于体形过小，我们便可将其排除在松鸡之外，因为我们的松鸡是大型鸟类。

---

① 阿特纳奥斯（Athenaeus），罗马帝国时代作家，活跃于公元1世纪末、2世纪初。——译者注

雄松鸡

对于诗人内梅西安努斯①提到的反应迟钝的"tetrax"，格斯纳认为是一种大鸨。但我还是在这种鸟身上发现与珍珠鸡比较相似的地方，即羽毛颜色，它的羽毛底色为烟灰色，上面有水珠形状的斑点。珍珠鸡的羽毛便是如此，有人称它为"水滴鸡"。

然而，尽管有诸多猜测，老普林尼口中的两种"tetrao"无疑就是真正的松鸡。它们有乌黑亮丽的羽毛，火红色的眉毛像从眼睛上燃起的两团火焰。它们居住在寒冷的高山地带，肉质却鲜美无比，大小松鸡都是如此，而这是其他任何一种鸟所不能同时具备的两个特点。在老普林尼的叙述中，我们还发现松鸡的一个在现代鲜为人知的独一无二的特征，他的原文是"moriuntur contumacia, spiritu revocato"。这一说法与德国博物学家弗里施②的观察结果有一定关联。弗里施在一只死去的松鸡嘴中没有发现舌头，而在打开它的喉咙后发现舌头整个缩在

---

① 内梅西安努斯（Nemesianus），罗马诗人，活跃于公元 3 世纪。——译者注
② 弗里施（Johann Leonhard Frisch，1666—1743），德国语言学家、博物学家。——编者注

喉咙里。这种事情应该是稀松平常的，因为猎人们普遍认为松鸡是没有舌头的。同样的事情也许也发生在老普林尼提过的一种黑鹰和大学者斯卡利杰尔提过的一种巴西鸟身上。这种巴西鸟也被认为没有舌头，信息来源必然是一些容易轻信的游客或者粗心大意的猎人，他们只见过已死或者濒死的这种鸟，而从没看过它们的喉咙里面。

老普林尼在同一处提到的另一种"tetrao"要大很多，因为它的体形超过大鸨和跟它羽毛相同的秃鹫，仅仅次于鸵鸟。由于过重，有时人们无法一手持住它。贝隆认为这种鸟并不被现代人所知，他认为现代人从未见过比大鸨更大的松鸡。此外，我们可以猜测老普林尼在文中叫作"otis"和"avis-tarda"的鸟应该不是我们说的大鸨，因为后者味道鲜美，而前者的肉很难吃。但我们不能跟贝隆一样下结论说大松鸡就是"avis-tarda"，因为老普林尼在同一段中提到了二者，并把它们看作是不同种类的鸟。

经过深思熟虑后，我想要说：

一、老普林尼提到的第一种松鸡是小型松鸡，因为比起大松鸡，他在此处所说的关于这种鸟的一切都更符合小松鸡的特征。

二、他口中的大"tetrao"就是我们说的大松鸡，而且他所说的这种鸟的体形超过大鸨并不是在夸张。因为我亲自测量过一只大型的鸨，它从喙尖到爪端长 3 法尺 3 法寸，翼展 6.5 法尺，重 12 里弗尔；而我们知道，有的大松鸡比这更重。

松鸡翼展约 4 法尺，重量通常在 12 至 15 里弗尔间。阿尔德罗万迪称他曾经看到过一只重 23 里弗尔的，不过这是博洛尼亚的里弗尔，也就每里弗尔 10 盎司，因此，在每里弗尔等于 16 盎司的单位下，那只松鸡实际上只有 15 里弗尔而已。阿尔宾[①]描绘的莫斯科黑山鸡就是一只大松鸡，在无羽毛和内部被掏空的情况下重 10 里弗尔。他还曾提过挪威的"lieure"，那也是真正的松鸡，大小与一只鸨无异。

这种鸟与任何一种植食动物一样会扒土。它的喙锋利而强壮，有着尖尖的舌头，在上颚有一处大小同舌头相同的凹陷。它的脚爪也十分强壮，足背覆有羽毛。它的嗉囊非常大，其他部位就跟家鸡无异了，比如在它砂囊和肌肉连接处的皮肤上也有绒毛。

松鸡的食物有冷杉、刺柏、雪松、柳树、桦树、白杨、榛树、欧洲越橘、黑莓和蓟的叶和芽，松果，荞麦、山黧豆、多叶薯、蒲公英、三叶草、野豌豆、香豌豆的叶和花。它主要在这些植物尚且娇嫩的时候食用，当植物开始结种的时候它就不再吃花了，而只满足于叶。它还会吃（尤其在出生后的第一年里）野桑葚、山毛榉果、蚂蚁卵，等等。人们注意到，有些植物完全不合它的胃口，特别是欧当归、白屈菜、矮接骨木、龙牙草、铃兰、小麦、荨麻等。

人们发现在切开的松鸡砂囊里面有小石子，与我们在普通飞禽的砂囊里找到的十分类似，这充分证明松鸡不只吃树上的花和叶，还吃它们在扒土时找到的谷粒。如果吃了太多的松子，它们美味的肉便会变得难吃；同样，据老普林尼观察，如果人们把它们养在笼中，再出于好奇给它们喂几次食，它们肉质的鲜美口感将维持不了多久。

雌性松鸡与雄性唯一的区别在于体形更小和羽毛颜色更浅。此外，雌性比雄性颜色种类更丰富，这在鸟类中并不常见，甚至在其他动物

---

① 阿尔宾（Eleazar Albin，1690—约 1742），英国博物学家、画家。——译者注

中也不常见，我们在讲述四足动物的时候已经有所提及。根据威洛比的说法，正是因为没有意识到这一特例的存在，格斯纳才认为雌性松鸡是另一种松鸡，将其命名为"grygallus major"（源自德语"grugel-hahn"），同时也将小雌性松鸡命名为"grygallus minor"。然而格斯纳声称他是在认真观察除"grygallus minor"外的所有个体后才有了这种分类结果的，并且相信它们之间存在相当明显的区别。另一方面，施文克费耳德[①] 居住在山脉附近，他常常仔细研究"grygallus"，并且证实这是雌性的松鸡。不过我们不得不承认，这个物种的羽毛颜色因性别、年龄、气候和其他条件的不同而千变万化。或许许多其他物种也是如此。我们请人画的那只松鸡有一点羽冠，而布里松先生所描述

雌松鸡

的松鸡完全没有羽冠；博物学家阿尔德罗万迪描述的两只则一只有，一只没有。有人断言年轻的松鸡白色羽毛更多些，随着年龄的增长，白色渐渐褪去，因此这成为一种判断松鸡年龄的方法。似乎松鸡尾羽的数目也不相同，因为林奈在他的《动物王国列表》中写的是 18 根，而布里松在他的《鸟类学》里面写的是 16 根；更奇特的是，施文克费耳德在仔细观察和研究过很多只这种鸟后断言，无论大小松鸡的雌性都有 18 根尾羽，而雄性只有 12 根。由此可见，任何将羽毛颜色甚至数目等差异作为标准以区分物种

① 施文克费耳德（Caspar Schwenckfeld，约 1490—1561），德国神学家、作家、博物学家。——编者注

的方法都会使得名义上的物种数目增多（或者说增加新的说法）；同时，这样还会增加初学者的记忆负担，给他们输入错误的想法，从而使得博物学更加晦涩。

雄性松鸡在二月初进入发情期，三月底精力达到巅峰，旺盛的精力能一直延续到树叶发芽的时节。每一只发情的雄鸡都会停留在一个特定的区域，不会离去。人们看到它们在夜里和早晨的时候走在大松树或其他树木的树干上，尾巴展成圆形，翅膀自然下垂，脖子前伸，头部因竖起的羽毛而显得格外大，英姿飒爽，气宇不凡。它们是如此被扩散自己过剩的有机体分子①的欲望折磨着。它们呼唤异性的叫声独特，雌性松鸡回应着它们，跑到它们栖身的树下。然后雄鸟会从树上下来，与雌鸟交尾，使之受孕。也许正是由于这种响亮得简直从千里之外便能听到的特殊叫声，它们才有了"吵雉鸡"的别名。这种叫声起初类似爆炸声，随后变得尖锐刺耳，像是磨镰刀一般；一声停止后，另一声紧接着响起，这样一叫一停持续大约一小时，最后以类似最初的爆破音结尾。

松鸡在其他的时候很难接近，但在发情期很容易被撞见，尤其是在呼喊雌性的时候。这时它们被自己的叫声搞得晕头晕脑，或者说如此陶醉，哪怕人类的目光和枪声都不足以让它们起飞。它们似乎什么也没看到，什么也没听到，处在一种恍惚的状态中。正因如此，人们普遍说它们又聋又瞎，甚至把这一特点写下来。然而事实上，它们与其他动物在同种状态下的表现相似。其实所有的动物，包括人类，都多多少少会沉浸在这种爱情的恍惚中，只不过在松鸡身上这种现象更为明显。德国人将沉浸爱河忘乎所以的情人和任何因对切身利益漠不关心而显得有些呆滞的人都叫作"松鸡"，就是很好的例证。

① 这里所说的"有机体分子"是布丰想象出的分子，职能是为有机体提供能量和完成繁殖。——译者注

219

人们明智地选择在松鸡发情的时候进行狩猎或者设下陷阱。我将会在讲尾巴分叉的小松鸡的时候详细描述这种狩猎，并会着重揭露能够更好地展示出这种鸟类的性情和天性的细节。在这里，我只说人们杀死年老的雄性松鸡的做法是非常正确的，有利于这个物种的繁衍，因为它们丝毫不能容忍其他同性妨碍自己，并且霸占相当大面积的土地，而又不能使这片区域内所有雌性受孕，导致其中的一些没有遇到雄性，只能产下未受精的卵。

一些捕鸟者说这种鸟在交配前会准备一个相当整洁和平坦的场所。我不质疑有人见到过这样的地方，但我非常怀疑这是松鸡刻意提前准备的。更简单的想法是，这些是雄鸟与雌鸟经常约会的地方，因此这里的地面经过一两个月间每日的踩踏而变得比其他地方更平整结实。

雌松鸡通常至少产五六枚卵，最多八九枚。施文克费耳德说松鸡第一次产卵产 8 枚，接下来每次产 12 枚、14 枚至 16 枚不等。这些卵是白色的，上有黄色斑点，比一般鸡蛋要大些。雌松鸡将卵放在干燥场所的苔藓上，独自孵化，不需要雄性的帮助。当不得不离开寻找食物的时候，它会把卵小心翼翼地藏在叶子下面。尽管它很有野性，如果有人在它孵育的时候靠近，它不到万不得已不会离开，母性胜过了对危险的恐惧。

幼鸟出壳后就会很轻快地跑起来，甚至在完全出壳前它们就已经开始跑了，因为有人见到一些跑来跑去的幼鸟身上还粘着一些碎壳。雌鸟会满怀关切和爱意引导着它们，将它们带到树林中，让它们吃蚂蚁卵和野桑葚等。全家整整一年都会待在一起，直到发情季到来，它们有了新的需求和兴趣，才会分散开来。尤其是雄松鸡，它们比较喜欢单独生活，因为就像上文提到的，它们相互之间无法容忍，只有在发情的需求迫使下才与雌性同居。

松鸡雏鸟

正如我所说，松鸡喜欢居住在高山中，但这仅限于温带气候区，因为在非常寒冷的地方，比如加拿大东北部的哈得孙湾，它们更倾向于住在平原和地势较低的地方，那里与我们这里最高的山上的温度相同。它们居住在阿尔卑斯山脉、比利牛斯山，也在奥弗涅地区、萨瓦省、瑞士、威斯特伐利亚、施瓦本、莫斯科、苏格兰、希腊、意大利、挪威，甚至北美的大山里生存。人们相信它们曾经居住在爱尔兰岛上，但是现在它们已经在那里绝迹了。

有人说猛禽杀死了很多松鸡，有可能是因为发情期的松鸡十分容易捕捉，使得它们成了猛禽的目标，或者也有可能是因为猛禽认为它们的肉很美味，更喜欢捕捉它们。

雷　鸟

有人把雷鸟叫作"白山鹑"，这很不合理，因为雷鸟不是山鹑，而且由于雷鸟一般栖息在北部地区的高山中，它的羽毛只有暴露在冬天的严寒中才会变成白色。亚里士多德并不了解雷鸟，他只知道山鹑、鹌鹑、燕子、麻雀、乌鸦以及野兔、鹿、熊在寒冷的环境下会发生同样的色变。大学者斯卡利杰尔认为，苍鹰、秃鹫、雀鹰、鸢、斑鸠和狐狸也是如此。因为寒冷而羽毛变成白色的鸟类和四足动物还有更多。所以，白色在此是一个多样化的属性，不能作为一个物种的独有特征。况且，同一属下的好几种动物会在羽毛颜色上呈现同样的变化。在韦冈特（Weigandt）和扎琴斯基看来，小白松鸡就是如此，根据鸟类学家贝隆的描述，白雉鸡也一样。令人惊讶的是，德国博物学家弗里施不知道他所描述的山栖"白鹧鸪"（也就是我们说的雷鸟）有这样的颜色变化，又或者他其实心知肚明只是只字未提罢了。他只说人们向他讲述过，夏天从未看见过"白鹧鸪"。后来他又补充道，人们有时会猎捕到这种鸟（显然是在夏天），翅膀和背部都是棕色的，不过他从来没有亲眼见到过。这一切恰恰说明雷鸟的羽毛只有在冬天才是白色的。

我曾说亚里士多德不了解我们说的雷鸟。这虽然是一个负面的评价，但我可以给出有力的论证。他在《动物志》的一个段落中肯定了野兔是唯一脚下有毛的动物。而按照亚里士多德的研究方法，如果知道有一种鸟类脚下也有毛的话，一般会针对不同动物的相应部位做出比较的他，一定会在同一段中对此有所提及，也就是对鸟类的羽毛以及四足类的毛做一番比对。

我把这种鸟称作"雷鸟"，但这并不是我发明的叫法，古罗马博物学家普林尼及古代的博物学家们早就这样给它命名。后人称一些夜

詹姆斯·奥杜邦《美国鸟类》中的柳雷鸟（*Lagopus lagopus*）插图。柳雷鸟四个季节的羽色都不相同，图中是夏季繁殖时期的羽色

行鸟类是雷鸟，其实是对这个名字的误用，因为这些夜行鸟类是脚的上部而非下部覆盖有羽毛。"雷鸟"这个名字应该专属于我们此处谈论的这种鸟类，而且由于这种鸟表现出像野兔一样脚底长毛的独特属性，"雷鸟"这个名字更加非这种鸟莫属。

除了脚下有毛，普林尼还补充介绍了雷鸟的其他几个特点：体形和鸽子类似，羽毛呈白色，肉质鲜美，喜欢栖息在阿尔卑斯山顶，性情粗野，难以驯化。最后他说雷鸟的肉腐烂起来很快。

古人的描述很粗略，经过现代人孜孜不倦的研究后，得到了极大完善。现代人补充的第一个特征，如果普林尼能亲眼见到雷鸟的话也不难发现，就是雷鸟眼部上方的腺状皮肤好似红色的眉毛，且雄鸟的颜色比雌鸟更鲜亮。雌鸟体形比较小，头上比雄鸟少了两道黑色细纹。

223

这两道细纹从喙的根部延伸到眼部甚至从眼部蔓延至耳朵。除此之外，雄鸟和雌鸟在外形上没有差别。我接下来要讲的也是雌雄雷鸟的共有特征。

　　雷鸟并不是通体皆白色，它们的羽毛即使在最白的时候，也即隆冬时节，也还是会混有其他颜色。杂色主要来自尾羽，大部分是黑色，只有末端有一点白色。不过通过各种版本的描述来看，黑色羽毛的位置不尽相同。我们曾叫人描摹过一只雷鸟，也仔细研究过许多只标本，发现它们的尾部由两排重叠的羽毛构成，每排 14 枚，上面一排纯白，下面一排纯黑。波兰博物学家克莱因曾于 1747 年 1 月 20 日收到一只来自普鲁士的雷鸟，他说这只鸟除了喙、尾巴下方和 6 根翼羽的羽轴是黑色的，其余地方都是白色的。克莱因还引述北欧萨米族神父萨米埃尔·雷恩（Samuel Rhéen）的描述，后者确信他所谓的"雪球"（也就是我们说的雷鸟）除了雌鸟两边翅膀各有一支黑色的羽毛，全身都是白色的。瑞士博物学家格斯纳所谓的"白山鹑"，除了耳朵周围有一些黑色的斑纹外，也是通体白色。事实上，是因为雷鸟尾部白色的绒毛长度太长，完全覆盖了黑色的羽毛，才使得这些博物学家产生了误解。法国动物学家布里松先生数出雷鸟尾部有 18 枚正羽，不过博物学家威洛比和其他大部分鸟类学家数的都是 16 枚，而实际上只有 14 枚。由此可见，雷鸟的羽毛虽然颜色有多种搭配，但并不像博物学家们描述的那样丰富。翅膀上有 24 枚正羽，从最外边数的第三枚最长。外边 3 枚长羽以及和它们紧挨着的 3 枚羽毛，除了羽轴是黑色的，其余部分都是白色的。脚上有一层绒毛包裹着脚趾，直到趾甲，又柔软又厚实，人们都说这是大自然赐予雷鸟的一双皮手套，保证它们免遭严寒的折磨。雷鸟的趾甲很长，即便后方的小趾也是如此，中趾下方一定长度处有凹陷，边缘很锋利，方便它在雪地里凿穴。

岩雷鸟（*Lagopus muta*）。图中的雄鸟是冬季羽色，雌鸟则是夏季羽色

威洛比说，雷鸟的体形最小也有家鸽那么大，体长 14 到 15 法寸，翼展 21 到 22 法寸，重 14 盎司。我们所观察到的这只没有这么大。不过林奈注意到，雷鸟的尺寸多样，最小的生活在阿尔卑斯山。林奈还补充道，有一种雷鸟栖息于北部地区的森林里，尤其是在北欧拉普兰地区。不过我怀疑它与阿尔卑斯雷鸟不是同一种。因为阿尔卑斯雷鸟有着不一样的习性，只喜欢生活在最高的山峰上。除非我们发现拉普兰地区山谷和森林里的气温与阿尔卑斯山顶的气温相差无几，它们才有可能是同一种类。最终使我确信大家把几种鸟混杂在一起的事实是，作家们描述的雷鸟的叫声很不一致。贝隆说雷鸟叫起来像山鹬，格斯纳说像雄鹿，林奈将它的叫声比作母鸡下蛋前后反复发出的咯嗒声和一种轻蔑的冷笑。威洛比说雷鸟脚上的羽毛是绵软的绒毛，弗里施却将之比作猪鬃。可是，怎么能把体形、生活习性、声音、羽毛质地各不相同的这些鸟类归为同一品种呢？（甚至还可以将羽毛颜色考虑在内，因为正如我们前文所说，雷鸟尾羽的颜色并不完全相同。不过，

羽毛的颜色在同一个体身上就已经很多样化了，将它作为一个区分品种的标准实在牵强。）因此我认为把生活在阿尔卑斯山、比利牛斯山以及其他类似山脉的雷鸟与那些生活在南方森林甚至平原地区的同种鸟类加以区分，是有道理的。后者更像是松鸡、榛鸡或者沙鸡。在这一问题上，我的观点和普林尼类似，认为雷鸟是阿尔卑斯山的特有鸟类。

我们在上文已经说过，雷鸟的羽毛在冬天是白色的。夏天，白色的羽毛上杂乱地散布着一些棕色的斑点。不过我们也可以说，对雷鸟而言是没有夏天的。它们独特的身体构造决定其只喜欢冰天雪地的温度。随着山坡上的积雪渐渐融化，它们不断向上迁居到更高的、积雪常年不化的山峰。它们不仅是靠近顶峰，还会在此刨出像兔窝一样的巢穴，以躲避令其感到不适的阳光。仔细观察雷鸟，研究它的内部结构、器官构造，应该很有意思。几乎所有的生物都需要阳光，寻找阳光，把太阳视作大自然之父。太阳散发出的热量能促进生长，有益健康，它们满心欢喜地接受这一温柔的抚慰。为什么雷鸟一定要生活在严寒之中，并且费尽心思地躲避阳光？这个问题的答案是不是能解释所有夜行鸟类逃避光亮的行为？还是说雷鸟是鸟类中的"查克莱拉"[1]？

不管怎样，人们很清楚如此性情的鸟很难驯化。我们也注意到普林尼明确地强调了这一点。不过意大利博物学家雷迪[2]谈到的两只被他唤作"比利牛斯白山鹑"的雷鸟，就被人们饲养在波波里花园的大鸟笼中。这是一座归大公爵所有的贵族花园。

雷鸟会成群结队地飞行，但因为身体笨重，从来都飞不高。它们

---

① "查克莱拉"（Chacrelas）是布丰等博物学家对当时在爪哇岛发现的一个白化病聚居群体的称呼。布丰没有意识到这些人罹患白化病，以为他们是不同于爪哇岛原住民的另一个种族，来自欧洲。——编者注

② 雷迪（Francesco Redi，1626—1697），意大利医生、博物学家、诗人。——编者注

看见人的时候，会待在雪地里一动不动，以免被发现。不过它们常常被自己身上比雪地更有光泽的一袭白羽出卖。此外，要么是出于愚笨，要么是缺乏经验，雷鸟很快就习惯了有人在身边。要想抓住它们，只需要递上一点面包，或者在它们面前转动几下帽子，趁着它们被新鲜玩意儿吸引的时候，找准时机往它们的脖子上套上一个绳套，或是在背后挥起木杆将它们敲死。人们甚至说，雷鸟从来不敢跨越一排胡乱堆就的犹如城墙基底一般的石块，它们会沿着这一简陋的堡垒一直走，直到落入猎人们设好的陷阱中。

披着春羽的岩雷鸟

雷鸟以松树、桦树、欧石楠、欧洲越橘以及其他一般生长在山间的植物为食，吃它们的花序、叶子和嫩芽。它的肉被人诟病的微微苦涩口感应该与这些食物有关，但总体来说，雷鸟肉算是一道美味。它是阿尔卑斯山中的塞尼峰以及萨瓦山区所有城市和村落中经常见到的野味。我曾食用过雷鸟的肉，觉得口感和野兔肉十分相似。

雌雷鸟在地上或者更多是在石堆里产卵、育雏。关于雷鸟的繁殖，我们就知道这么多。要想深入研究鸟类的习性和生活习惯，需要像长了翅膀一样去到它们所在之地，近距离捕捉它们的一举一动，尤其是对那些不愿被套上枷锁接受驯化，只在人迹罕至的地方生活的鸟类。

　　雷鸟有一个很大的嗉囊和一个肌肉发达的砂囊，人们在其中找到了一些和食物混在一起的小石子。雷鸟的肠长 36 至 37 法寸。粗大的盲肠上有沟回而且很长，不过雷迪说这一长度不一，肠壁内往往有很多小虫。小肠的膜上有大量细小的血管，或者是一些整齐的对称排列的小褶皱，形成一张形状奇特的网。人们注意到，雷鸟的心脏比沙鸡小，脾更是小很多，胆囊管和肝管分别通向大肠，这两者相隔甚远。

披着秋羽的柳雷鸟

　　在这篇文章的末尾，我不得不提出和博物学家阿尔德罗万迪类似的看法——在人们赋予雷鸟的诸多名字之中，格斯纳把 "urblan" 当作一个在意大利伦巴第地区仍在使用的意大利语词汇，但是这个词不论是对伦巴第还是对其他地区的意大利人来说都是一个陌生的外来词。格斯纳还说，瑞士东部讲意大利语的格里松人把雷鸟叫作"rhoncas"和"herbey"，但这两个也不是意大利语词。在萨瓦地区靠近瑞士瓦莱州的一些地方，人们把雷鸟叫作"arbenne"，这个词在不同的方言中有不同变体，带有一半瑞士、一半格里松的语调，也许以上一些叫法正由此而来。

攀禽

戴　　胜

　　著名的鸟类学家贝隆曾说，戴胜是因为它头顶硕大而漂亮的冠羽而得到"huppe"（指某些鸟头顶覆盖的一簇羽毛）这个法语名字的。如果他注意到下列事实，可能就会得出相反的结论了：戴胜的拉丁语名是"upupa"，这个词的出现不仅比法语里的"huppe"要早几个世纪，而且它比整个法语的历史还要悠久，因此"huppe"这一法语名是从拉丁语中借用而来的，用来形容戴胜最显著的特性。

　　当戴胜在空中飞翔或者进食，也就是心情平静的时候，头顶的这簇羽毛一般倒伏不显。我曾见过一只被网住的戴胜，当时它已经上了年纪或者至少已经成年了，所以它的习性都可谓是在大自然中养成的。这只鸟对照顾它的人很依赖，这种感情变得很强烈，甚至成为它唯一的寄托。它只有和主人在一起的时候才会表现出开心，如果看见陌生人，它的冠羽会因为惊吓或者忧虑而竖起，并且它会躲到房间的床顶上。有时它也会勇敢地从避难所下来，但一定会径直飞向它的女主人。它对这个心爱的主人很专情，好像眼里只有她。它能发出两种截然不同的声音，一种是对它中意的人的呼唤，轻柔而深情，好似肺腑之音；另一种则尖锐刺耳，用于表达愤怒或者恐惧。不管是白天还是夜晚，人们都不把它关在笼子里，它可以在房间里自由活动。不过，尽管窗户常常是打开的，它也从不上去，即便身体恢复后，也没有飞走的欲望，它对自由的向往总是没有对人的依恋那么强烈。即便有一天它终于飞走，也是由于害怕。这一情绪更多的是出于自卫的本能，对动物的行为影响很大。所以，某天这只戴胜因为一个新事物的出现受到惊吓而飞走了，但也没有飞很远。无家可归的它飞入了修道院内一个开着窗的修女的房间。可见人类社会，或者与之相似的社会结构，已经成为戴胜生活中不可缺少的部分！它在此死去，因为人们不知道要给它喂什么。

出版于 1796 年的《博物集》中的戴胜（*Upupa epops*）插图

不过它靠着一点面包和奶酪也撑了三四个月。另一只戴胜在一年半的时间里一直吃人们喂它的生肉，它爱上了这种食物，还会冲过去用爪子抢食，但是它一点熟肉也不吃。对生肉的偏好表明，食肉鸟和食虫鸟在习性上有某种共性，食虫鸟其实可以被看作小猛禽。

野生的戴胜最常见的食物是各种昆虫，尤其是陆生昆虫，因为戴胜在地上待的时间要多于在树上栖息的时间。我把那些一生或者至少生命中某些阶段是在土壤中或者土层表面度过的昆虫叫作陆生昆虫，比如金龟子、蚂蚁、蠕虫、蜻蜓、野蜂以及其他一些种类的毛虫等。在任何地方，这些都是能真正吸引戴胜的诱饵。它将细长的喙伸入潮湿的土壤中，毫不费力地获取猎物。因此，埃及的戴胜以及其他很多鸟类，会根据尼罗河水的涨退来安排自己的行程，永远跟随着河水进退。当河水退潮的时候，一片河滩渐渐裸露出来，河滩上的淤泥在阳光的加热下很快就会爬满数不清的各式昆虫，所以经过此地的戴胜肉质特别肥美。我特意说经过此地的戴胜，是因为还有另外一群定居此地的戴胜，常栖于罗塞塔附近的枣椰树上，是人们从来不吃的。开罗城里也有大量的戴胜，它们在房屋的露台上安稳地筑巢。其实，在人们的设想中，远离人群、居住于乡野间的戴胜肉质比居住在大城市或者通往大城市的大道边的那些要更加鲜美。前者赖以生存的食物来源是泥沙、淤泥和潮湿土壤中的昆虫，总之是天然的，然而后者却是在人群聚集的地方，从四处堆放的各种垃圾中寻找食物。这就使人不由得觉得城市里的戴胜很恶心，甚至想象它们的肉有难闻的气味。还有另外一种戴胜介于这两者之间，它们定居在人类的花园中，能在地里找到充足的毛虫和蠕虫养活自己。人们一致认为，戴胜生活中就不是很爱干净，它的肉唯一的缺点就是闻起来有股颇浓的麝香味。很显然，这就是为什么对鸟如此垂涎的猫都从来不碰戴胜的原因。

埃及的戴胜三五成伴一起出行，如果有一只掉队，就会发出"吱吱"的尖声叫喊，呼唤同伴。在其他大部分国家，戴胜都是独居的，顶多也就两两成对。在迁徙的时节，有时能在市区看见大量的戴胜飞过，不过这些鸟都是单独行动的，彼此之间没有什么联系，因此也就无法组成真正的鸟群。它们受到驱逐时也是一只接一只地各自逃散的。

另外，因为它们的身体结构都相同，所有鸟儿在同样的情况下都理应做出也确实做出了同样的反应。这就是为什么所有的戴胜都飞向同样的气候带，所经路径也都一样。它们广泛分布于旧大陆几乎所有地区，从瑞典的大森林，从奥克尼群岛以及拉普兰一直到非洲，西至加那利群岛和好望角，东到锡兰和爪哇岛。戴胜在欧洲是候鸟，冬天从不多做停留，即使希腊和意大利的好风光也留不住它。有时人们能在海边看见它，一些细致的观察者认为它是每年两次经过马耳他岛的众多鸟类中的一员。不过必须承认，戴胜的路线并不固定，有时候在同一地区，有的年份能看见大量戴胜，而第二年数量就变得很少甚至一只也没有。而且在某些地区，比如英格兰，戴胜极为罕见，从不在此筑巢；还有些地区群山绵延，比如里昂与日内瓦之间的比热，戴胜也似乎刻意绕道而行。戴胜并非从不居住在高山里，至少不像亚里士多德想的那么绝对。与这位大哲学家的观点相悖的还不止于此：戴胜总是把家安在平原之中，人们常在沙洲上孤立的树上发现它，比如在普罗旺斯的卡马格。德国博物学家弗里施说，戴胜能抠住树皮向上爬，它还在树洞里产卵，这两点和啄木鸟很像。戴胜最常选择树洞、墙洞这类的洞穴，把卵产在洞穴底部松软的腐土或者泥土之上，正如亚里士多德所说，洞里没有任何麦秸或者其他枯枝来做铺垫。不过，例外仍然存在，至少表面上看存在差异。人们给我看过六个鸟巢，其中四个里面没有草垫，其余两个在底部铺有一层十分柔软的垫子，由树叶、苔藓、羊毛、羽毛等编织而成。不过，这一情况也能找到合理的解释，戴胜从来不会用苔藓或者其他东西装点自己的巢，但是很有可能偶尔会把卵产在前一年啄木鸟、蚁鴷、山雀以及其他鸟类居住过的洞穴里，这些草垫就是这些鸟儿根据各自的本能铺就的。

有一个说法很久以前就有人提起，后又被反复提及：戴胜会在自己的巢里涂上一些很臭的东西，比如狼、狐狸、马、牛——总之一切动物的粪便，甚至还包括人类的。有人认为这是为了用臭味来驱赶敌人，保护雏鸟。然而实际上，戴胜不仅没有此意图，更没有鸭那样在巢的开口处涂涂抹抹的习惯。不过，它的巢的确又脏又臭，这看似是缺点，实则起到了必要的防护作用。这也和巢的外形有关，其深度一般都有 12，15 甚至 18 法寸。雏鸟刚刚孵化出来还很弱小的时候，没有办法把自己的粪便扔到巢外，它们就这样和自己的排泄物长时间待在一起，人们想抓住这些幼鸟就不得不弄脏手指。那句"脏得跟戴胜一样"的谚语可能因此得来。不过，这句话也会导致人们错误地以为戴胜就是喜欢脏，或者说没有讲卫生的习惯。它一点也察觉不到难闻的气味，是因为它要给雏鸟带来它们所需的关怀和照料；在其他情况下，它的行为也和谚语所说不符。我在前文中提到的那只戴胜，就从来没有把粪便弄到它的女主人身上、扶手椅或者房间里。此外，它还一直将床顶作为自己担惊受怕时的藏身地。这个地方又深又隐秘，最难以触及，毫无疑问是它精心挑选的结果。

戴胜的雌鸟能产二至七枚卵，不过在大部分情况下是四到五枚。这些卵呈浅灰色，比山鹑卵稍微小一点，雏鸟基本上不会同时破壳而出。曾有人给我看过出自同一个鸟巢的三只雏鸟，它们的个头大小差别很大。最大的那只尾羽长有 18 法分，最小的那只仅有 7 法分。人们常常看到雌鸟哺育后代，但我从来没有听说过雄鸟做过这样的事。人们不怎么看见戴胜成群结队地活动，所以很自然就会想到一旦幼鸟学会飞翔，戴胜一家也就各自奔天涯了。意大利的鸟类学家们说，每一对戴胜每年产卵两到三次，第一窝雏鸟在六月底就都能够自由飞翔了。如果他们的叙述属实的话，上述推想就更有可能成立了。由于相关的事实和推论太少，我能获得的关于戴胜产卵以及养育后代的知识也仅限于此。

雄鸟能发出"卟卟卟"的叫声，在春天里叫得尤其欢，相隔很远都能听到。有人仔细聆听过戴胜的叫声，认为其声音里有各种变调，在不同的情形下会有不同的音调，在大雨来临之际会发出低沉的呻吟，在警告有狐狸出现时会发出更加尖利的叫喊等等。前文提过的那只经过驯化的戴胜会发出两种不同的声音，应该就是这个原因。那只鸟对乐器的声音情有独钟。每当它的女主人演奏羽管键琴或者曼陀林的时候，它都会停在乐器上或者凑在近旁，只要它的女主人一直弹，它就在旁一直听。

有人说，戴胜从来不去水槽里喝水，因而很少陷入饮水槽边设置的陷阱。事实上，在英格兰的埃平森林里被射死的那只戴胜，曾多次躲过人们为了活捉它而设下的陷阱。不过，我多次提及的那只被驯化的戴胜，就是陷入网兜而被捕获的。它时不时用嘴在水上迅速一啄；和其他鸟类不同的是，它不用仰起喙就能喝到水。显然，这样的喙能通过一种吸管让液体上升到喉咙中。此外，戴胜即便在没有喝水或者吃东西的情况下，也会突然间动动喙。这一习惯肯定来自野生的戴胜用喙抓昆虫、啄嫩芽，在泥沙和蚁穴中寻找蠕虫、蚂蚁卵或者是土壤中水分的需要。让戴胜落入陷阱很难，但开枪射击它却很容易。因为，戴胜会任由人们靠近，它们飞起来的时候七拐八弯，一跳一跳的，但速度不是很快，对猎人或枪手而言，击中不算难事。它起飞的时候像田凫一样拍打翅膀，降落在地面后，又像鸡一样慢吞吞地匀速走动。

夏末秋初寒潮来临之前，戴胜会离开北方地区。尽管从整体上看，戴胜总是以过客的身份出现在欧洲，但某些情况下也有些鸟可能留下来。比如在动身的时候受了伤，生着病，太幼小，总之没有力气进行长途飞行，又或者因为一些外界的障碍被困住了，这些鸟就会留下来。它们会在做过巢的洞穴里安顿下来，在半麻木的状态下度过冬天，靠少量食物维持生命，换毛时脱落的羽毛也基本上没办法重新生长出来。

张开羽冠的戴胜

一些猎人发现了处于这样状态中的戴胜，人们便据此判断所有的戴胜都在空心树里过冬，失去知觉，羽毛掉光，就像杜鹃一样。这样的说法毫无根据。

有人说，戴胜在埃及是孝顺的象征。人们说，幼鸟会照顾其年迈的父母，张开翅膀给予它们温暖，在辛苦的换毛期帮助它们脱去旧羽毛，向它们生病的眼睛吹气，在上面敷一些有助恢复的草药。总之，年幼时受到的照顾此时都会回馈给父母。人们也对鹳做过类似的评论。唉，是不是所有的动物都有这样的美德呢？

意大利鸟类学家奥利那[①]认为，戴胜的寿命只有三年，不过这仅限于家养的戴胜，人们无法给它们提供最合适的食物，它们的生命因此而缩短。在人们眼皮底下生活的戴胜很好计算年龄，但要确定野外自由生活的戴胜的平均寿命，就没有这么简单了，何况它还是候鸟，寿命长短就更难掌握。

戴胜羽毛极多，使得它看起来比实际上要更臃肿。它的体形和斑鸫差不多，体重介于 2.5 法两至 4 法两之间，视身上的油脂而定。

---

① 奥利那（Giovanni Pietro Olina，1585—约1645），意大利博物学家、哲学家、神学家。——编者注

戴胜的羽冠是纵向的，由两排长度相同的平行羽毛组成，每一排都是中间的羽毛最长，所以竖起来的时候会形成一个半圆形的顶冠，约 2.5 法寸高。顶冠上的羽毛都是红棕色的，末端带黑色；中间以及其后端的羽毛在这两种颜色之中还夹杂着白色。此外，羽冠上还有 6 到 8 根更为靠后的羽毛，整个都是红棕色的，长度也是最短的。

戴胜头部其他地方以及身体正面整体上是灰色的，有时带点酒红色，有时带点橙红色。背部前端是灰色的，后端暗沉的底色上有横向的灰白条纹。尾部有一块白斑，尾巴上层的羽毛发黑。肚子和身体下部其他地方是白中带红的，黑色的翅膀和尾巴上有白色细纹。羽毛底色为深灰色。

羽毛上各式各样的颜色，组成了一幅有规律的图画，每当戴胜竖起羽冠，张开翅膀，散开尾羽，画面就能得到更为清晰的呈现。两边翅膀靠近背部的地方，各有几道黑白相间的横条纹，和身体的轴线基本垂直。翅膀最上端的条纹带点浅红色，在背部交汇，构成一个浅红色的马蹄形，马蹄形突出的部位指向尾部的那块白斑；位于翅膀边缘最下端的条纹，绕翅膀半周，和另一条十分靠近翅尖的更宽的白色条纹相连，平行于身体的中轴线。最末的白条纹还和尾部一个横跨尾巴的白色新月形图案连在一起，距尾端也是两指的距离，它们一起勾勒出这幅图画的边框。这幅美丽的图画顶部是一个高耸的金底黑边的羽冠。描绘这幅羽毛上的图案能让我们对这种鸟的羽毛有一个更清楚明了的整体印象，效果比一片一片地描述它的羽毛或羽支要更好。

翅膀外侧的白条，内侧也有，而且当戴胜飞行时，人们仰视它看到的图案和俯视的一模一样，只不过白条更纯净，颜色没有那么暗沉，混杂的浅红色也较少。

我曾见过一只戴胜，经解剖证实是雌性，它的羽毛带有上述所有的颜色，色彩很鲜明，年纪可能有一点老。可以肯定的是，雌鸟体形没有雄鸟大，这和意大利鸟类学家们的观点不一样。

　　戴胜的整体长度大概有 11 法寸。喙长 2 又 1/4 法寸（根据鸟的年纪可能会上下浮动），稍带弓形；喙的上部比下半部分稍长，两者都不太锋利。椭圆形的鼻孔上没有什么遮盖，短小的舌头只能伸到嗓子眼，形状像是一个边长不到 3 法分的等边三角形。耳洞和喙张开时的尖角顶点相隔 5 法分，且在同一直线上。跗骨 10 法分长，中间的脚趾和外侧的脚趾通过第一节趾骨连在一起；后趾的趾甲最长最直，而且长度和年龄成正比。翼展超过 17 法寸，尾巴近 4 法寸，有 10 根长短一致的尾羽（不是贝隆说的 12 根）。翅膀有 19 根飞羽，比尾羽短 20 法分，由短到长依次排列。

收起羽冠的戴胜

从砂囊到肛门的肠道长 12 到 18 法寸。肌肉质的砂囊内有一层并不黏附在囊壁上的薄膜，一直延伸到十二指肠，形成一个套筒。砂囊的长轴有 9 到 14 法分，短轴有 7 到 12 法分；幼鸟的砂囊体积会比较大。体内有一个胆囊，几小节盲肠。在动脉气管的分岔处有两个小洞，覆盖有一层薄膜。动脉气管的两个分支后端也有一个相似的薄膜，前端是一个半圆形的环状软骨。控制羽冠的肌肉位于头顶和喙根之间，当肌肉向后收缩时，羽冠竖起来，当肌肉被拉向嘴边，羽冠就倒下去。

我曾在 6 月 5 日解剖过一只雌鸟，其体内有一些大小不一的卵，最大的卵直径有 1 法分。

蜂　　鸟

在一切动物之中，蜂鸟外形最是优雅，色彩最为亮丽。人类精雕细琢出的宝石和贵重金属，根本无法与这颗自然界的明珠相提并论。大自然把蜂鸟排在鸟类中体形最小的位置上，可谓最小的最受宠。大自然慷慨地赐予它的杰作一切天赋——轻盈、敏捷、灵活、优雅和丰满的羽毛，其他鸟类只能占其中几点，而它则是集万千宠爱于一身。它的羽毛闪烁着绿宝石、红宝石以及黄玉的光泽，没有沾染过一点地上的尘土。只生活在空中的它一刻也不在草坪上停留；它总是在花丛中飞舞，像花儿般清新与绚丽；它以花蜜为生，只生活在花儿四季常开的气候带。

在新世界温度最高的地区，能发现所有种类的蜂鸟。它们的数量很庞大，活动范围似乎仅限于两条回归线之间，夏天即使飞到温带地区也只做短暂的停留。它们似乎是跟着太阳前进后退，在四季如春的气候中顺着和风展翅飞翔。

对蜂鸟艳丽而光芒四射的色彩赞叹不已的印第安人，把它称作"万丈金光"或者"太阳的秀发"。西班牙人把它叫作"tomineos"，这个名称与它异乎寻常的娇小体形有关，因为"tomine"的意思是 12 颗种子的重量。尼伦贝格说："我曾目睹过人们用精密天平给一只蜂鸟称体重，这只鸟连同它的巢，也只重两个'tomine'。"说到体积，小蜂鸟没有虻高，不如熊蜂大。喙就是一根细针，舌头是一根细丝；黑色的小眼睛就像是两个亮点。翅膀上的羽毛十分精致，看上去像透明的一样。它的脚很短很小，令人难以察觉，用处也不大，因为

《博物学词典》鸟类学卷中的两张蜂鸟插图。上面是赤叉尾蜂鸟（*Crimson topaz*），下面是长嘴星喉蜂鸟（*Heliomaster longirostris*）

蜂鸟只在夜间停下来休息，白天都在随风飞翔。它飞起来不停不歇，嗡嗡作响，速度很快。马格拉夫觉得蜂鸟振翅的声音和纺车发出的声响很像，他用"呼呼呼"来形容。蜂鸟挥舞翅膀的频率之高，使它停在空中时不仅看起来完全静止，而且像是没有任何动作。人们就这样看着它在一朵花前停留片刻，又像一条线一样移向另一朵。蜂鸟在百花丛中徜徉，把它的小舌头伸到花蕊里，挥舞着翅膀向花儿们献媚，看

似从不在一处停留，但总也没有离开过那片花丛。蜂鸟飞行轨迹变化无常，只是为了更好地听从爱意的召唤，获得更多纯粹的享乐。它是花儿们轻佻的情人，以花为生但也不会使花儿枯萎，因为它只是吸食花蜜。它的舌头由两条中空的纤维管组成，形成一道小沟，在末端分为两条线，就像一个小喇叭，这样的构造似乎就是为了吸取花蜜而创造的。蜂鸟大概是通过一个软骨结构把舌头从喙中伸出，和啄木鸟吐舌的原理很像。它把舌头伸进花萼深处以吸取汁液，这就是它生命赖以维系的方法，几乎所有描述过蜂鸟的作家对此都达成共识。只有一个人有不同意见，那就是巴迪耶（Badier）先生，他在一只蜂鸟的食道中发现了一些小昆虫的残骸，并据此得出结论说，蜂鸟以昆虫而不是花蜜为生。但是，我们认为不应该放弃大量真实可靠的证据，而轻信尚不成熟的一家之言。事实上，难道蜂鸟吞食了一两只昆虫，就能说明它以此为生并仅以此为食吗？在吸食花蜜或者采集花粉的同时，不小心吸入花丛中的一些小昆虫，也是不可避免的吧？况且，蜂鸟身形如此娇小，为了保持和它身材不匹配的极度旺盛的精力，必须摄入一些营养丰富的食物。它需要大量有机休分子来给身体内各个小巧的器官提供能量，好让它完成一刻不停的快速运动，而只吃几个没什么营养的小昆虫似乎派不上多大用场。在所有学者中最权威的斯隆先生也明确表示，在蜂鸟的胃里发现的全是花粉和花蜜。

　　唯一能与蜂鸟的活力相提并论的，也就只有它的勇气或者说鲁莽了。人们看见蜂鸟愤怒地追赶比它大 20 倍的鸟，紧紧地依附在后者的身上任其带着四处飞，一下又一下地啄大鸟直到怒气平息。甚至有时候，蜂鸟之间也会发生激烈的打斗。它没有耐心，如果飞到一朵花跟前却发现花儿已经枯萎，会毫不犹豫地扯下花瓣，以发泄心中的怒气。它只会发出一种细微的"嘶嘶"的叫声，频率高而且一直重复。晨光熹微时，树林里能听到它的叫声，但当太阳射出第一缕光芒，蜂鸟起飞四散在田野之中，就再也不发出声音了。

241

蜂鸟是独居动物。像它这样总在空中飞，也很难结识同伴，共同行动。不过，爱情的力量总是超越环境的影响，能使散居各处的动物们慢慢靠近，互相结合。在繁殖季节，人们看见蜂鸟成双成对地出没。蜂鸟的巢也是为其精巧的身体结构量身定制的，用细密的棉花或者花芽上细心采集的茸毛筑成，结构紧密，和厚的软皮一样坚实。雌鸟负责筑巢，雄鸟则负责衔回材料。人们看着蜂鸟十分投入地进行这项心爱的工作，寻找、甄选、运用一根根合适的纤维，为子女搭起一个温馨的摇篮。蜂鸟用脖颈磨平巢的边缘，用尾巴把巢的内部拍平，用小块橡树皮粘成一圈装点巢的外部，使得巢更加坚固，可以抵抗风吹雨打。整个巢位于两片树叶之间或者橘树、柠檬树的一截细枝之上，有时还位于某个小屋屋顶的麦秸上面。这样的巢大小还不及一个杏子的二分之一。人们在巢中发现两枚全白的比豌豆还小的卵，雄鸟和雌鸟在 12 天的时间里轮流孵卵，雏鸟在第 13 天破壳而出，个头还没有苍蝇大。杜泰尔特神父说："我一直没有搞清楚雌鸟用嘴喂到雏鸟嘴里的到底是什么东西，也许它只是让雏鸟吮吸它依旧沾满花蜜的舌头。"

人们很快就发现，蜂鸟很难饲养。人们试着用糖浆喂养蜂鸟，但它们几周后都死掉了。糖浆虽然也很容易消化，但和它们自由地采集到的精细花蜜相比还是有很大的区别，也许人们拿蜜喂养蜂鸟结果会好一点。

想要擒获蜂鸟，可以用沙子射或者用吹管吹射弹丸。蜂鸟没有什么戒备心，可以任由人们靠近到离它五六步的距离。人们还可以走进鲜花盛开的灌木丛中，将一个涂有胶的荆条拿在手里，当一只小蜂鸟在花前扇动翅膀嗡嗡飞舞时轻而易举地粘住它。一旦被抓住，蜂鸟很快就会死亡。年轻的印第安人会拿死去的蜂鸟做装饰，在耳朵上挂上两只。秘鲁人用蜂鸟的羽毛作画，古代的游记里对这种画的精美着墨甚多。马格拉夫就收藏有一些这样的画作，他十分欣赏画中的光彩和精致的工艺。

正在觅食的两只蜂鸟。上方是盘尾蜂鸟（*Ocreatus underwoodii*），下方是西翠蜂鸟（*Chlorostilbon melanorhynchus*）

　　花儿光鲜而芬芳，人们觉得美丽的蜂鸟身上也应该带有香味。有好几个作家写道，他们闻到了麝香的味道。这是个误解，原因可能是西班牙博物学家奥维埃多[①]给蜂鸟的命名"passer mosquitus（蚊子一样小的麻雀）"，被误写为"passer moscatus（带麝香味的麻雀）"。在

[①] 奥维埃多（Gonzalo Fernández de Oviedo，1478—1557），西班牙历史学家、作家、博物学家。
　　——编者注

人们的想象里，蜂鸟背后的小传奇不止这一件。有人说它一半是鸟，一半是苍蝇，是由苍蝇演变而来的。克卢修斯的书中记载，一位来自外省的耶稣会会士郑重地宣布他曾亲眼看见蜂鸟的变形过程。还有人说，蜂鸟随花儿一起死去，是为了和花儿一起重生，它们把喙插进树皮中悬挂在树上，在昏睡和麻木中度过难熬的季节。不过明智的博物学家并不相信这样的幻想故事。凯茨比说，在圣多明各和墨西哥这样任何季节都有鲜花的地方，一整年都能看见蜂鸟。斯隆说，牙买加也是这样，只是在雨季过后蜂鸟数量好像更多。马格拉夫也曾写过，巴西的森林中一年四季都能发现大量的蜂鸟。

蜂鸟有 24 个不同的种类，而且很有可能还有一些品种尚未被发现。我们根据每一个种类最明显的特点，给它们起了不同的名字，这样一来就不会混淆。

鸣禽

黄　鹂

　　传说中，黄鹂鸟的幼鸟出生时身体各部分是分开的，鸟爸爸和鸟妈妈的首要任务是借助于一种神奇的草，把各部分拼合成一只活鸟。而比起这项拼接任务，还有难度更大的事，那就是将现代人乱用在这种鸟身上的古人给它起的名字，有条有理地筛选出来，只保留那些确实适合它的，把其他的留给前人见过的别的鸟类。前人有时也只是肤浅地描绘众所周知的事物，而且现在的人沿袭前人对事物的称呼时也很草率。在此我情愿说，亚里士多德对黄鹂的认识只是来自道听途说。如果亚里士多德亲眼见过黄鹂的话，怎么可能注意不到黄鹂鸟巢的奇特构造？又或者他注意到了，只是只字未提？普林尼曾提到过亚里士多德所说的"chlorion"，但他没有费过心思把从希腊人那里借鉴来的东西和自己的观察积累做个比较，因此他能用四种不同的名字来指代黄鹂，却不能点明黄鹂就是"chlorion"。

　　尽管这种鸟类分布范围很广，但还是有一些它们似乎不愿停留的地区，比如瑞典、英国、比热的山岭以及南蒂阿的山冈，尽管它一年之中有两次定期出现在瑞士境内；贝隆在游览希腊的途中似乎也没有见过黄鹂。不管怎样，黄鹂很少在一个地方定居，它不停地变换鸟巢，停留在我们这里时似乎只是为了情爱，或者说是要完成自然界赋予一切生物的使命，让生命代代相传延续下去——博物学家口中的"情爱"一词就是这个意思。黄鹂怀着极大的热忱忠实地肩负起这项使命，雄鸟和雌鸟春天刚到我们这里时就开始寻找伴侣。黄鹂在高高的树上做巢，不过有时候它们选的树也不算太高。它筑的巢精巧独特，与乌鸫的巢差别很大。黄鹂把巢安置于一小段树枝的分叉处，在枝丫上缠绕长麦秆或者麻秆，其中一部分直接被绑在两根枝丫之间，形成了巢的边缘，另一部分被编进巢里，从底部穿过，然后被系在对侧的枝丫上，起到了加固的作用。这些长麦秆或者麻秆从底部托住巢，只是一个外壳，内里用于承载鸟卵的草垫由一小段一小段的青草秆织成，秆上的穗都集中在凸面，很少在凹面，人们不止一次地把这些青草秆当作是根部纤维。此外，在外部的麦秆和内里的草垫之间，还有大量的苔藓、地衣以及其他类似的材料作为中间的填絮，使得巢的外部更加密不透风的同时，内里也更加柔软。在精心筑好巢后，雌鸟在里面产四到五枚卵，卵的白底上散布着一些鲜亮的黑褐色斑点，而且大多分布在卵较大的那一头。雌鸟悉心孵卵将近三个星期，幼鸟孵化出来后，它还要继续细心照料它们很长时间，保护自己的孩子免受天敌或者人类的伤害。人们没有料到，如此娇小的鸟儿体内能爆发出如此大的勇气和能量。有人见过雄鸟和雌鸟奋不顾身地冲向要抢走雏鸟的敌人。甚至在很罕见的情形下，人们将雌鸟连同鸟巢一起端走，雌鸟在笼子里还继续孵卵，和自己未出生的孩子一起死去。

一旦雏鸟长大，黄鹂一家就会一起远行。时间一般在八月底或者九月初。黄鹂从来不会成群结队地集体行动，甚至很少以家庭的形式聚在一起，人们很少见到两只或者三只黄鹂一起活动。尽管黄鹂飞起来不算很轻盈，拍动翅膀的样子和乌鸫一样笨重，但它很有可能会飞

出版于 1796 年的《博物集》中的金黄
鹂（*Oriolus oriolus*）插图

到非洲过冬 ①。马耳他一位长官马齐（Mazy）骑士向我肯定，黄鹂九月份经过马耳他，春天的时候又在回程中再次经过。旅行家特雷夫诺也说，黄鹂五月份途经埃及，九月的时候再次经过。他还说，五月的黄鹂长得正肥，它们的肉是道美味。然而在法国，黄鹂却没有被端上餐桌，阿尔德罗万迪对此感到很惊讶。

黄鹂的体形和乌鸫差不多，长 9 至 10 法寸，翼展 16 法寸，尾部近 3.5 法寸，喙长 14 法分。雄鸟整个躯干、颈部和头部都是亮黄色，只是从眼睛到喙的开口处有一道黑线。翅膀呈黑色，大部分飞羽以及个别小绒毛的末端有一些黄色的斑点。尾部也是一半黄色一半黑色，中间的两根尾羽是黑色，从正中往两侧颜色越来越黄。不过雄鸟和雌鸟的羽毛颜色并不一样。凡是雄鸟身上深黑色的部位，在雌鸟身上都是褐色，还带一点暗绿色；雄鸟的亮黄色，在雌鸟身上是黄褐色、浅黄色或者白色：头部和躯体上部是黄褐色的，躯体下部是灰白色的并夹杂有棕色线条，翅膀上的飞羽大多末端是白色的，绒毛的末端是浅黄色的，只有尾部末端以及上面的绒毛是纯粹的黄色。我还观察过一只雌鸟，眼睛后面一小块地方没有羽毛，呈现亮灰色。

雄鸟年纪越小，羽毛的颜色和雌鸟越像。刚出生的那段时间里，

---

① 现在认为黄鹂的大多数种类为留鸟，少数种类有迁徙行为。——编者注

它们身上的斑点比雌鸟更多，甚至整个躯体上半部分都是，不过从八月份开始，黄色就慢慢在躯体下部显露出来。幼鸟的叫声和成鸟也不一样，成鸟会发出"哟哟哟"的私语，偶尔跟随几声"喵喵"的叫声，像猫一样，这样的声音在不同的人听来是不同的感觉。除此之外，每当快要下雨的时候，成鸟还会发出"嗞嗞"的哨声，但这种鸣叫和我之前说的猫叫不是同一种。

黄鹂的虹膜是红色的，喙是红棕色的，喙的内部是浅红色的，喙的下半部分边缘弯成弓形，舌头分叉，末端有流苏状细须，肌肉质的砂囊前有一个因食道膨胀而形成的囊（嗉囊）。胆囊是绿色的，盲肠又小又短。最外侧脚趾的第一节趾骨和中趾的第一节趾骨连在一起。

金黄鹂和它的幼鸟

黄鹂春天飞来和昆虫进行战斗，以金龟子、毛虫、小蚯蚓等它们能捉得住的虫子为食。但它们最喜欢、最贪恋的食物是樱桃、无花果、花楸的浆果以及豌豆等。只要两只黄鹂就能在一天之内破坏一棵果实累累的樱桃树，因为它们的小嘴不停地一个接着一个啄食樱桃果，而且专挑果子熟透的部分吃。

黄鹂不易饲养，也难以驯化。为了捕获它，人们需要动用诱鸟笛，在饮水池边设置陷阱，还得借助各式各样的网兜。

黄鹂的分布范围有时会一直延伸到大陆尽头，但是它们还能保持其外部形态和羽毛特征不变。人们在孟加拉以及中国看见的黄鹂和欧洲的黄鹂完全无异。不过同时人们也注意到，即便是来自同一地区的黄鹂，在身体颜色上也存在一定差异。这些差异大体上可视作黄鹂在不同的气候条件下产生的变化。这需要有人对这些鸟的行为举止以及鸟巢形状做出细致观察，从而进一步证明或者修正我们的猜测。

伯　　劳

伯劳虽体形小，躯体和肢干纤细，但性情勇猛，巨大的喙坚硬而钩曲，对肉有强烈的欲望，因此被列入猛禽行列，甚至在猛禽中也算最凶猛最残忍的品种。人们常常十分惊讶地看到，一只小伯劳英勇地和喜鹊、乌鸦、茶隼们打斗，而这些鸟都比它要大且强壮得多。伯劳进行打斗不仅是出于自卫，它还经常挑起战争，而且往往占上风，尤其是当一对伯劳联合起来驱散一些对它们的孩子图谋不轨的鸟类时。伯劳不会等到这些鸟靠近，只要它们进入其攻击范围，伯劳就会主动出击。伯劳的进攻很猛烈，给对手造成重创，狂暴的驱赶使对手落荒而逃而且往往不敢再次来犯。伯劳面对的敌人体形都很大，在这样悬

出版于 1796 年的《博物集》中的红背伯劳（*Lanius collurio*）插图

殊的战斗中，人们很少见到它屈服于强力或任由敌人牵制。但常见的结局是，伯劳死死地抓住敌人一同坠落，最后双方同归于尽。因此，最勇敢的猛禽都要敬伯劳三分。鸢、鸳和乌鸦看起来都很怕它，往往避之不及，不会主动找上门。这种比云雀大不了多少的小鸟，和鹰、隼以及其他天空中的霸主们比翼齐飞，丝毫不惧怕它们，甚至敢在它们的领地内猎食而不害怕被惩罚，大自然中没有什么比这更能展现出勇气的力量和威力。尽管伯劳一般以昆虫为食，但肉食才是它的最爱。它在飞翔中追逐着各种小鸟，人们还曾见过它猎获小山鹑和小野兔。被套索困住或落入陷阱的斑鸫、乌鸫以及其他鸟类，成为它食物的主要来源。它用趾甲抓住猎物，用喙把头啄烂，勒紧并咬断脖子，然后把勒死的猎物拔去羽毛，随意地撕成碎块以便尽情享用，最后还不忘把吃剩的碎肉片带回巢中。

红背伯劳

伯劳属包含了很多品种，但是我们将它们粗略归为三个主要品种。它们和我们生活在同一气候带。第一种是灰伯劳，第二种是红伯劳，第三种是俗称"剥皮者"的红背伯劳。其中的每一种又各自包含着一些变种。

附录一

论文风
——布丰法兰西学术院入院演说

先生们：

　　能够被召唤到你们的队伍中，我感到荣幸之至。但我无大功而受禄，从不曾想仅凭几篇既无技巧又不加修饰、只有自然赋予其光彩的论文便能够在艺术大师中享有一席之地。这些杰出人才是法国文学的荣耀，他们的名字如今被各国人民传诵，将来也会在我们最小的侄辈口中回响。先生们，你们选择我是出于其他动机，想要给予我有幸长期拥有的杰出同伴们的一份新的认同。我的感激之情混杂交织，但强烈程度丝毫不减。如何在今天完成这份感激带给我的使命呢？先生们，我只能把你们自己的所有物奉献给你们——也就是我从你们的作品中汲取到的几点关于文风的见解。这些观点是在阅读并赞美诸位的作品时构想出来的，它们的成功诞生归功于你们智慧光辉的照耀。

　　在每个时代，都有一些人知道如何运用语言的力量来影响他人。但只有在开明时代，人们才能写出好的文章，讲出有意义的话。一个真正雄辩的人需要磨炼自身的天赋，并不断充实思想。这与天生口才好是截然不同的。对于一般天生口才好的人而言，说话只是一种技能，是一种所有拥有强烈的感情、柔和的嗓音、敏锐的想象力的人都具备的能力。这些人感觉灵敏，情感外露，但都是通过一些完全机械化的方式来表达他的兴致所在或者心之所系。这是躯体与躯体在各种动作与手势的帮助下进行的交流。那么，要怎样才能打动大众的心，提升他们的思想境界呢？要怎样才能在芸芸众生心中掀起波澜，并使他们心悦诚服呢？我们需要一种充满激情的感人语调，一些频繁出现的富有表现力的动作和一些流畅的悦耳话语。不过，有少数信念坚定、兴趣高雅、心思细腻的人，就像诸位先生一样，并不看重语调、动作或者无用的音质。他们需要的是一些实在的东西，一些思想与道理，而且需要用适当的方式进行介绍、加以区别并排列顺序。单纯的听觉与视觉冲击是不够的，话语要触及灵魂、打动人心。

语言风格不过是一个人想法的排列组合与发展变化。如果我们将思想连贯起来，使之紧密相连，文风就变得强大、有力、简练。如果放任思想停滞，仅凭一些词语将之串联起来，那么辞藻不管多么优雅，文风都会变得烦冗、松散和拖沓。

不过，在找到一个特定的次序串联起各种观点之前，我们需要建立一个更加宽泛的逻辑联系，它只包含我们最初的想法与最主要的观点。只有在整体上确定它们的地位之后，我们才能确定主题及其广度。在不断回忆观点的雏形时，我们才能决定如何分隔主要观点，如何使用一些次要的或者中等地位的观点填补这些间隔。借助于天资，人们可以真正地理解那些普遍的或是独特的见解；通过敏锐的判断力，人们可以区分贫乏的思想与丰富的思想；通过写作习惯带来的洞察力，人们可以预知精神活动会塑造出怎样的作品。主题只要有一点点宽泛或是复杂，人们就很难仅凭第一眼就掌握要义，或是稍加思考就能完全理解，即便经过深思熟虑，也难以理清其中错综复杂的关系。在这方面，我们花再多的精力也不为过，这也是稳固、扩展、提升思想的唯一方式：我们为思想注入的内容与力量越多，我们就越容易把它表达出来。

这还不是文风，不过它确是文风的基石，它是文风的后盾，决定着文风的方向，使其发展有章法可依。没有这些，最伟大的作家都会误入歧途，他的文字会漫无目的地陷入不规则的线条与不和谐的意象之中。不管他运用如何高超的色调，不管他为细节注入了何种精巧，由于整体上令人不快，读者无法产生共鸣，其作品只是一盘散沙。在欣赏这位作者的思想时，人们很可能会怀疑他资质平平。因此，有一些人纵使在交谈中妙语连珠，写文章却不尽如人意；有一些人从一开始就天马行空，选取了一种自己无法驾驭的口吻；有些人担心思想的火花稍纵即逝，只在不同的时刻写下只言片语，却从不使用必要的连贯词将它们整合起来。总之，拼贴而成的作品太多，一气呵成的十分罕见。

然而，任何主题都是一个整体，不管它有多宽泛，都能被收纳于一篇文章之中。中断、停顿、分章分节都只应在处理多个不同主题时出现；或是因为所论述之事过于宏大、棘手和杂乱，导致作者的思路被重重障碍阻断，不得已而有所停顿或分节。此外，章节的划分不仅不能使作品更加站得住脚，反而会破坏其整体性。书本内容固然一目了然，

253

但作者的构思却是模糊的；作者无法给读者留下深刻印象，他只能通过文章主线的延伸、观点间的和谐、内容的层递推进和整齐划一的节奏来引起读者的共鸣，任何的停顿都会摧毁他的作品或者使之凋零。

为什么自然创造出的作品是那么的完美呢？那是因为每一部作品都是一个整体，自然界有着恒定的规划，并且永远不与之背离。它默默地为自己作品的生根发芽做准备，以一种独特的方式勾画着一切生物的雏形，而后对这些草样加以改进，在计划时间内不断加以完善。这样的作品是惊人的，令人震惊的是作品身上的神明的烙印。人类的大脑什么都创造不出来，只有经过充分的试验与冥想后才能进行创作，人类所拥有的知识就是其创作的基础。但如果一个人能模仿自然的步骤和工作方式，通过审视世界上最崇高的真理来自我提升，并将这些真理聚集、关联在一起，通过思考形成一套体系，他便能在这不可动摇的基础上建立起不朽的丰碑。

相反，如果没有规划又缺少深思熟虑的话，即使是有才华的人也会觉得困窘，不知从何下笔。他心中有许多想法，但由于从未将其排序与对比，他会不知如何取舍而陷入迷茫。只要他制定一个提纲，将跟主题相关的主要想法汇集排序，就可以自如提笔，感受到思想创作走向成熟的时刻；他会迫不及待想要让思想破壳而出，甚至写作的时候只会感受到快乐，文思泉涌，笔触自然而又信手拈来。从这种快乐中诞生出一种热情，四处扩散，赋予每个表达以生机；一切都越来越灵动，笔调变得优美，物体的描绘有声有色；情感与思想相融，并使思想不断升华，将所言与所欲言相连，文风也变得生动而明晰。

人们写作时往往会想让文章处处出彩，但这与写作的热情是背道而驰的。思想的光芒应该作为一个整体出现在文章中，而不是靠字碰字来撞出一星半点火花；这些火花让人瞬间眼前一亮，之后却坠入黑暗。思想只有通过对比冲突才会闪光。人们只呈现出事物的一面，隐去了其他方面；通常，从被选中的这个角度出发进行思考很轻松，其他方面却被舍弃，而理性的思考往往存在于被舍弃的那些方面当中。

使用这些思想，寻找一些轻率、松散、没有实质的观点，这与真正的雄辩也是相悖的，这就好像经过锻打的金属片，只有在失去坚固性的时候才闪光一样。所以越是在文中采用这种单薄而闪光的构思，文中的活力、思想、热情和风格就越少，除非这构思本身就是文章的主题，或者除非作者就是写着逗乐而已。因此，叙述小事也许比叙述大事更难。

与自然美最格格不入的，就是费力地采用特别或浮夸的方式来描述日常事物。这是作家最自贬身价的做法。读者不仅不会钦佩他，反而会怜悯他花费太多时间进行音节组合去人云亦云。有点学问但心灵贫瘠之人往往有此缺点，他们拥有的是丰富的辞藻，而不是观点；他们在词汇上下功夫，自以为理顺句子就整合了思想，锤炼了语言，而实际上只是扭转了词义，使语言变质。这样的作家毫无风格可言，或者说徒有风格的影子而已，因为文风之上应镌刻着思想，而他们只会编织句子。

想要写出好文章，首先应该完全掌控文章主题，深入思考以便理清思路，形成环环相扣的整体，其中每一环都代表着一个观点。当开始动笔时，应依照思路依次进行，忌偏移，忌用力不均，忌脱离既定方案。如此，文风才得以严谨，文章才有实用价值，叙事才有轻重缓急；同时，也只有如此，文章才简洁精确，清晰平衡而又活跃连贯。如果一个作家发挥自己的才华，既能按照上述规则行文，还能做到细腻有品位，字句谨慎斟酌，注意使用事物的常见名，他的文风就更加高贵了。如果在此之上，他还能做到不轻信自己的第一反应，蔑视一切只是外表光鲜之物，厌恶含糊和玩笑，他的文风就增添了分量，甚至有了威严之态。最后，如果他能做到所写即所思，对自己论证的事深信不疑，这种自我的忠诚会显得既得体又真挚，使得文章大放光彩。当然，一切的前提是，这种内在的信服不能过于热烈，自信之外需多一份纯朴，热情之余再多一分理智。

　　先生们，我就是这么认为的，同时我要告诉你们，是你们引导了我，我的心灵贪婪地采摘着智慧的神谕。我努力要达到你们的高度，却不能够！你们会说，规则不能代替天分，没有天分的话，规则只是徒劳。写得一手好文章，意味着一个人思想深刻，感觉敏锐而善于表达，意味着他同时拥有了精神、灵魂和品位。文风需要一个人所有才能的凝聚和使用。思想是文风的基础，语言的和谐不过是附属品而已，它只依赖于感官的敏感。只要稍具耳力就可以避免词汇的不协调；只要通过阅读诗人和演说家的作品来练习和完善自己的耳力，就可以潜移默化地模仿诗歌或者演讲的节奏韵律。但模仿不是创造，词汇的和谐无法构成文风的基础或者语调，这种情况通常出现在缺乏观点的文字中。

语调体现的是文风与主题本质的契合；它不应是生硬的，它来自事物的根本所在，很大程度上依赖于人们思想的共同点。如果一个人的思想高于一般水平，事物本身也宏伟，文章的语调即提升到同样的高度；如果提升语调，作者的才华照耀着每个部分。如果作者赋予了有力的布局以美丽的色泽，如果作者能够用一个生动完整的画面展现出每个观点，将一连串的观点变成一幅协调而流转的画卷，那么文章的语调就不仅提升了，而且变得卓尔不凡。

先生们，在这里，实践重于规则，榜样的作用大于箴言。我无权引用你们的作品中那些经常令我心荡神驰的段落，我只能谈谈我的想法。只有好的作品才会流传后世，丰富的知识、独特的事实甚至新奇的发现都不能保证一部作品可以永垂不朽；如果拥有这些特质的作品只关注琐事，而没有品位，平庸无奇，它们终会被遗忘，因为知识、事实和发现都很容易提升、传递，甚至被更灵巧的双手所运用。它们游离于人之外，而文风代表的则是人本身。文风无法提升、传递或流通；如果文风高贵典雅，作者本人也将会流芳百世，因为只有真理才会长久甚至永恒。然而，一个好的文风之所以好，是因为它代表着无数的真理；文中所有的智慧之美和逻辑联系都是有用的，对人的思想弥足珍贵，胜过那些构成主题基础的真理。

卓越的东西只会出现在宏大的主题之中。诗歌、历史和哲学都有着共同的主题，这个宏大的主题就是人与自然。哲学描述勾勒着自然；

诗歌描绘美化着自然，同时也描绘着人，并加以放大和夸张，创造出英雄和神。历史只描述人，并且强调真实性，因此历史学家的语调只有在描述最伟大的人，最伟大的行动、事件和革命时才变得激扬，其他地方只需庄重即可。哲学家的语调也可激扬，比如谈到自然法则、生物整体、空间、物质、运动、时间、灵魂、精神、感觉、激情的时候，其他情况下只需高雅。但是，只要主题是宏大的，演说家和诗人的语调就应始终激扬，因为他们擅长在宏大主题上随心所欲地添加色彩、动态和幻想，倾注所有的力量和才华去描绘和放大事物。

致法兰西学术院诸位院士：

先生们，在这里，眼前无比宏大的主题深深地震撼着我！那么，应该用什么样的文风和语调才能恰当地将其描绘和表现出来？这里聚集着精英分子，他们以智慧为首，以荣耀为伍；光荣之辉照耀着他们每个人，用永恒不变的光芒包裹着他们。同时，一道更亮的光从不朽的王冠中射出，束束光线在最强大的国王高贵的额头上聚集起来。我看到了他，这位英雄，这位令人崇拜的王子，这位高贵的君主。他的相貌多么尊贵！他整个人散发着无上君主的庄严！他的目光中蕴含着自然的柔和，揭示着一个丰盈的灵魂！先生们，他现在正把目光转向你们，里面闪耀着一股新的火焰，饱含更加强烈的热情，拥抱着你们。我已经听到了你们神圣的语调和一致的声音。你们把声音交织，赞美着他的德行，歌颂着他的胜利，欢呼着我们的幸福；你们把声音交织，显露出你们的虔诚，表达着你们的爱意，向后世传递着这位伟大的王子和他的后裔理所应得的爱戴。多么一致的和声！它们穿透我的心灵，将与路易之名一样永垂不朽。

在远方，有另外一幕有着宏大主题的场景！法国的守护神同黎塞留交谈，口授于他启发人才和帮助君王统治天下的艺术；司法之神和科学之神引导着塞吉埃，一起将他带到法庭的首席；胜利之神大步前进，走在我们国王胜利的车辆前方。伟大的路易十四坐在他的战利品上，一只手给征服的国家带来和平，另一只手将分散各处的缪斯们聚集在这个宫殿里。同时，在我周围，先生们，又有何其有趣的主题！宗教之神为它哭泣，借助辩才之神的力量来倾诉痛苦；她仿佛在谴责我过长时间的打断，认为我们每人都应该继续跟她一起悼念这份遗失。

（完）

附录二

布丰生平年表

1707 年　出生于法国勃艮第蒙巴尔城的一个律师家庭。

1723—1728 年　在第戎学习法律。

1728 年　进入昂热大学修读数学，同时学习医学和植物学等科目。

1730 年　结识英国金斯顿公爵，一起游历了法国南方、瑞士和意大利，在公爵的家庭教师、德国学者辛克曼的影响下开始博物学研究。

1734 年　进入法兰西科学院。

1739 年　担任皇家花园和御书房总管，开始收集动物、植物和矿物标本并进行记录。

1749—1789 年　出版《博物志》第 1 ~ 36 卷（第 36 卷出版于 1789 年，当时布丰已去世）。

1753 年　入选法兰西学术院院士。

1778 年　发表《自然的纪元》。

1788 年　逝世，享年 81 岁。

1788—1804 年　《博物志》后八卷由其学生德拉塞佩德整理出版。